多尺度计算模拟方法在表面/界面多相复杂体系中的应用

王晓琳 著

U0395488

东北大学出版社

·沈 阳·

ⓒ 王晓琳 2023

图书在版编目（CIP）数据

多尺度计算模拟方法在表面/界面多相复杂体系中的
应用 / 王晓琳著. —沈阳：东北大学出版社，2023.12
ISBN 978-7-5517-3462-2

Ⅰ.①多… Ⅱ.①王… Ⅲ.①系统复杂性－研究
Ⅳ.①N94

中国国家版本馆CIP数据核字（2024）第004985号

内容提要

　　本书共分为5章，内容包括：第1章介绍了计算机模拟和多尺度计算模拟方法的发展和应用对于物质科学研究与创新带来的冲击性影响，尤其在研究表面/界面多相复杂体系时表现出的强大功能；第2章介绍了本书中研究实例采用的几种不同尺度的计算模拟方法的理论基础，包括基本概念、基本原理和公式等；第3至5章列举了几类典型的表面/界面多相复杂体系的研究实例，涉及可再生绿色能源、疏水/亲水材料、涂层工业、微滤和超滤、医药等诸多领域，并详细地阐述了具体的研究方法和成果。本书内容丰富、重点突出，基础理论知识翔实清楚，实践操作步骤合理规范。

　　本书可作为高等学校化学、化工、材料科学、环境科学、生命科学等相关专业的研究生和本科生的参考用书，也可以供相关的科研工作者和技术人员参考使用。

出 版 者：东北大学出版社
　　　　地址：沈阳市和平区文化路三号巷 11 号
　　　　邮编：110819
　　　　电话：024-83680182（市场部）　83680267（社务部）
　　　　传真：024-83680182（市场部）　83687332（社务部）
　　　　网址：http://www.neupress.com
　　　　E-mail:neuph@neupress.com
印 刷 者：抚顺光辉彩色广告印刷有限公司
发 行 者：东北大学出版社
幅面尺寸：170 mm × 240 mm
印　　张：9.25
字　　数：133 千字
出版时间：2023 年 12 月第 1 版
印刷时间：2023 年 12 月第 1 次印刷
组稿编辑：孟　玉　张德喜　　　　　　责任编辑：郎　坤
责任校对：刘新宇　　　　　　　　　　封面设计：潘正一

ISBN 978-7-5517-3462-2　　　　　　　　　　定　价：68.00元

前　言

随着计算机软硬件技术的飞速发展和广泛普及，高性能的计算机模拟可以提供大规模的计算能力和存储资源，辅助科研人员进行复杂的设计、建模、计算、模拟和数据分析等工作，加速科学研究和创新，解决许多现实世界中的复杂问题，并能够节省大量的人力、物力和财力，缩短研发周期，降低开发成本和安全风险。2013年诺贝尔化学奖授予三位美国科学家的理由是他们为复杂化学系统开发了多尺度研究模型。现在，多尺度计算模拟方法已被广泛地应用于研究和处理化学、化工、材料、环境、生命等领域的复杂科学问题。高精度的计算模拟结果可以直观地给出研究体系的静态结构、动态行为以及各方面性质，帮助人类从本质上理解和阐释科学问题，探索科学规律，能够为实验提供可靠的预测和指导。

物质世界中存在着多种多样的表面/界面多相体系，由于体系内含有复杂的多元组分及其相互作用，在实验中很难做到细致区分和准确调控。而多尺度计算模拟则能够在研究此类问题时发挥得天独厚的优势，凭借计算机强大的计算和精确控制能力，对表面/界面多相体系中多元组分的最佳配比、相互作用的类型和强度、实验条件（温度、压力、酸碱度等）做出系统的测试、评估和筛选，从而更高效地阐释实验现象、构效关系和本质原因。

本书参考了国内外相关专业的经典图书和大量文献，聚焦于多尺度计算模拟方法在表面/界面多相复杂体系中的应用。

第1章介绍计算机模拟和多尺度计算模拟方法的发展和应用对于物质科学研究与创新带来的冲击性影响，并引用大量文献证明其在表面/界面多相复杂体系研究中的广泛应用和强大功能，重点关注太阳能电池、疏水/亲水材料、高分子膜三大领域。

第2章包含本书中列举的研究实例采用的计算模拟方法的基础理论知识，如微观尺度的密度泛函理论（DFT）方法和分子动力学（MD）模拟方法、介观尺度的耗散粒子动力学（DPD）模拟方法。它们都是多尺度计算模拟中比较成熟、应用非常广泛且已被国际学术界普遍认可的方法。

第3章应用DFT方法研究了在真空和乙腈环境中五种使用广泛但分子结构存在明显差异的典型添加剂对锐钛矿TiO_2三个主要晶面的敏化作用。通过定性、定量地分析和表征前线轨道、偶极矩、功函数和费米能量等电子排布性质，找到了它们与染料敏化太阳能电池开路电压的内在联系和规律，从而更好地理解和阐释了不同种类的添加剂–TiO_2系统存在敏化效果差异的根本原因。

第4章包含两部分：第一部分应用MD模拟方法研究了不同聚合度的聚乙烯（PE）链在经纳米尺度图案修饰的石墨表面上的吸附过程。揭示出表面纳米结构的存在能够有效地弱化这类疏水/亲水体系中固有的强吸引相互作用，导致被吸附后的PE的构象、吸附能、整体取向有序性等都发生了巨大变化，而且找到了表面最佳修饰方式。第二部分应用MD模拟方法研究了不同聚合度的亲水的聚乙烯醇（PVA）链在疏水的石墨表面上吸附和扩散的过程。全面细致地研究了链的构象、吸附能、扩散系数以及取向有序参数等性质随着聚合度增加的变化规律。并且发现外界溶剂环境对此类体系的动力学行为有重要影响。

第5章包含两部分：第一部分应用DPD模拟方法研究了通过浸入沉淀（immersion precipitation）相转化技术制备多孔高分子膜的动力学过程和机理。全面细致地探讨了高分子聚合度、溶剂分子尺寸及非溶剂分子的尺寸和数量对高分子溶液相分离和膜形貌的影响。并阐明高分子溶液分相遵循前期亚稳极限相分离（spinodal decomposition）和后期相区增长的机理。第二部分应用DPD模拟方法研究了通过物理沉积作用在不同性质的固体底物上制备单层和多层的致密高分子膜的过程和机理。而且，设计出两种比较新颖的方法，能够有效地提升单层和多层的致密薄膜的品质。其中，对单层膜采用类似于"化学滴定"的循环沉积过程，而对多层膜利用简单交联的网络结构作为屏障阻碍层间扩散的发生，以保证各层膜自身结构和性质的稳定。

本书的出版得到北京理工大学项目支持，吉林大学吕中元教授、哈尔滨工业大学张潇副教授也给予了很大的帮助，在此一并致以诚挚的谢意。

由于著者水平有限，本书中难免有不足之处，敬请读者批评指正，著者将不胜感激。

著　者
2023 年 10 月于北京理工大学

目　录

第1章 绪 论

>>> 1.1 计算机模拟概述

随着计算机软硬件技术的迅猛发展和广泛普及，高性能的计算机模拟可以提供大规模的计算能力和存储资源，辅助科研工作者进行复杂的设计、建模、计算、模拟和数据分析等，加速科学技术的研发和创新，解决许多现实世界的复杂问题。计算机模拟作为一门新兴的交叉学科，拥有越来越重要的应用价值，已被化学化工、材料科学、生命科学、物理学、天体学、气象学、建筑学、工程学等大多数基础和应用科学领域所应用[1-3]。显而易见，应用计算机模拟可以节省大量的人力、物力、财力，缩短实验周期，验证实验的可行性，预测实验结果，保障实验人员的安全。另外，它还能够轻松地实现对实验上不易达到的极限条件的模拟，如高温等离子体、核反应堆、火箭发射燃烧消耗、超高压下的极端含能材料等。

如图1-1所示，计算机的计算模拟与理论和实验一样，都是人类认识世界、改造世界的主要途径和有效工具，三者已形成"三足鼎立"之势。理论分析通常建立在纷繁复杂的数学公式和高度简化的假设模型之上；对于复杂的研究体系，实验条件又往往难以精确地调控；而采用计算模拟方法是在理论研究提供的数学模型的基础上，引入一些能够体现真实体系性质的复杂因素，使计算机遵循一定的规则（合适的程序语言）对体系进行系统、细致的研究，得到能够充分反映客观事实的可靠数据和规律。这种方式恰恰可以弥补理论和实验两方面的不足，成为它们的重要补充。由于本书着眼于多尺度计算模拟方法在表面/界面多相复杂体系中的应用，以及对于物质科学研究和创新带来的冲击性影响，所以内容主要涉及计算模拟在化学化工、材料科学方面的应用[4-5]。

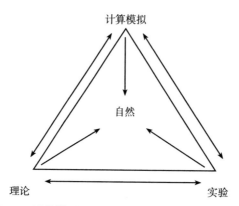

图1-1　计算模拟、理论和实验之间相辅相成关系图

>>> 1.2　多尺度计算模拟方法概述

物质世界按照时间和空间尺度可以笼统地划分为微观、介观和宏观体系。多尺度计算模拟方法主要包括：①微观尺度：量子力学（quantum mechanics，QM）和量子化学（quantum chemistry，QC）方法[6-7]、分子力学（molecular mechanics，MM）和分子动力学（molecular dynamics，MD）方法[1-2]、蒙特卡罗（Monte Carlo，MC）方法[1-2]、布朗动力学（Brownian dynamics，BD）方法[8-11]等；②介观尺度：耗散粒子动力学（dissipative particle dynamics，DPD）方法[12-14]、格子玻尔兹曼方法（lattice Boltzmann method，LBM）[15]、动态密度泛函理论（dynamic density functional theory，DDFT）[16-17]以及场论聚合物模拟（field-theoretic polymer simulation，FTPS）[18]等；③宏观尺度：基于流体力学的有限元方法（finite-element method based on fluid mechanics，FEMBFM）[19]等。

　　针对本书列举的几类典型的研究对象，选择采用微观尺度的量子化学、分子力学、分子动力学方法和介观尺度的耗散粒子动力学方法进行表面/界面多相复杂体系的计算模拟研究。量子化学是应用量子力学的基本原理和方法研究化学问题的一门基础学科，适用于研究物质中与电子作用相关的各种科学问题。量子化学的发展历史可以分为两个阶段：从 1927 年到 20 世纪 50 年代末，创建和发展了价键理论、分子轨道理论和配位场理论以及分子间相互作用的量子化学研究；20 世纪 60 年代以后，多种量子化学计算方法（从头算方法、半经验计算方法、密度泛函理论等）的发展提高了计算精度，扩大了可研究体系的尺寸，拓展了量子化学的应用范围，加速其向其他学科渗透。现在，量子化学的应用已经非常广泛，在蓄电池和太阳能电池[20-22]、含能材料[23-24]、光电材料[25-26]、超分子[27]等诸多领域的基础和应用研究中皆发挥了很大的作用。从 1957 年 Alder 与 Wainwright 首先利用分子动力学求解气体和液体的钢球状态方程[28]开始，分子动力学已经有 60 多年的发展历史，是比较成熟的经典模拟方法。目前 MD 已被成功地应用到诸如高分子的结晶[29-37]和共混[38-44]、表面吸附受限高分子体系[45-50]、离子电池[51]、混合炸药[52]等多种类课题的研究中。从空间尺度来看，它模拟的范围小于 10 nm，而时间尺度为纳秒级。耗散粒子动力学是处于毫秒、微米级时空尺度上的介观模拟方法。由于它采用了非常软的相互作用势，所以可以把微观尺度上的几个分子甚至高分子链中的若干个片段粗粒化成 DPD 模型中的一个粒子，并且积分步长可以选得很大，这样能够非常有效地扩展模拟体系的时空尺度，体现与材料性能直接相关的各种物理特性。这种方法虽然发展时间较短，还有待进一步完善，但是也已经被很多科研工作者成功地应用到高聚物共混[14]、嵌段共聚物的微观相分离[53-54]、高分子膜的制备[55-56]、仿生囊泡的形成和分裂[57-58]等诸多方面。本书第 2 章将对上述几种计算模拟方法的理论基础做进一步的介绍。

>>> 1.3 多尺度计算模拟方法在几类表面/界面多相复杂体系中的应用 [4-5, 59]

物质世界中存在着多种多样的表面/界面多相体系，由于体系内含有复杂的多元组分相互作用，在实验中很难做到细致区分和准确调控，而多尺度计算模拟则能够在研究此类问题时发挥得天独厚的优势，凭借计算机强大的计算和精确控制能力，对表面/界面多相体系中多元组分的最佳配比、相互作用的类型和强度、实验环境条件（温度、压力、酸碱度等）逐一做出系统、精细的测试、评估和筛选，从而阐释实验现象、构效关系和本质原因。表面/界面多相复杂体系中包含着科研人员非常关注的很多科学问题，如电子转移、催化、吸附、扩散、共混、溶剂化等重要的物理化学过程，这些对于电池、疏水/亲水材料、高分子膜、催化剂、混合炸药等众多涉及表界面的科学领域都有着重大的研究意义。

本节中介绍了几类典型的表面/界面多相复杂体系，并列举了一些前人成功地采用多尺度计算模拟方法研究它们的工作实例。

1.3.1 太阳能电池

近年来，能源问题愈发成为影响各国经济生产和人民生活的重大问题。人类对能源的需求量居高不下，而传统的化石能源短期内不可再生，且大量开采使用造成的一系列环境问题也日趋严峻[60]。因此，获得清洁、廉价且可持续的新能源是21世纪的世界级重大课题。可再生能源（如太阳能、水能、风能、生物质能、潮汐能、海洋温差能等）取之不尽用之不竭，且对环境负面影响小[61]。积极研究、开发、利用这些非化石可再生能源，不仅可以节能减排、保护生态环境，而且能够减少人们对化石能源的依赖，对改善我国能源结构、推动能源生产和消费革命至关重要。

太阳能作为一种资源丰富、分布广泛、高效、清洁、可长期利用的能源，是各国研究和利用的重点对象。光伏发电具有安全可靠、故障率低、无污染、限制条件少以及易于维护等优点，是太阳能研究领域中的重点方向。早在1883年，第一块太阳能电池已经问世，但由于光电转换效率偏低，导致其并不具有实用价值。直到1954年，美国贝尔实验室制成实用型硅太阳能电池，使得单晶硅太阳能电池开始被人们重视并大力发展。由于硅在自然界储量丰富、吸收光谱较宽，使得单晶硅太阳能电池成为当前最成熟的太阳能电池，光电转换效率已经突破25%。但是，单晶硅制备成本高昂、材料相对脆弱以及回收期过长等原因，使得硅基太阳能电池的发展受到了一定程度的制约。

在众多类型的太阳能电池中，染料敏化太阳能电池（dye-sensitized solar cell，DSSC）由导电基底、吸附了染料敏化剂的多孔宽带半导体光阳极、对电极和两极间的电解质组成，这种类似三明治的表界面结构实现了光吸收和电子转移过程。DSSC的研究历史可以追溯到20世纪60年代，发展过程中的里程碑是1991年O'Regan和Grätzel报道了利用高性能含钌染料敏化纳米级二氧化钛颗粒获得7.1%~7.9%的高光电转换效率[62]，此后，DSSC得到了广泛且持续的关注和研究，并取得了巨大的进展，成为主流太阳能电池之一[63-66]。2015年，Kakiage等利用甲硅烷基锚定染料和羧基锚定染料的协同敏化作用，开发了光电转换效率达14.7%的高效DSSC[66]。与其他太阳能电池相比，DSSC具有原材料丰富、稳定性好、寿命长、制备工艺简单、光电转换效率高，以及经济成本较低等优点，潜力巨大，适合大面积工业化、产业化。

众所周知，太阳能电池中各组分之间的复杂相互作用决定了电池的最终性能。通过实验优化电池性能需要做大量消耗性、重复性和烦琐的工作，才能完成对各组分的筛选和匹配。随着计算化学相关理论和软件的不断发展，借助多尺度计算模拟方法和高性能计算平台对DSSC进行深入、高效的研究已经成为现实，可以为理解复杂相互作用的微观本质、评测每种组分的主要功能、揭示DSSC的构效关系和工作机理提供有价值的基础数据和有意义的见解，而且能够有效地节省人力物力财力资源，降低 DSSC 的研发成本，助力其蓬勃发展。例如，Kusama 课题组将密度泛函理论方法与实验测量相结合，阐明了含氮杂环添加剂在不同表面上吸附引起 TiO_2 费米能级的电位负移 [67]。Asaduzzaman 和 Schreckenbach 通过周期性密度泛函理论计算揭示了氧化还原电对、含氮添加剂和 TiO_2 之间的相互作用 [68]。Wang 课题组采用周期性密度泛函理论方法对五种典型的添加剂的吸附模式和电子结构进行了系统的分析，阐释了不同添加剂的敏化效果出现差异的根本原因 [22,69]。Pastore 等利用密度泛函理论、微扰理论和 Car-Parrinello 分子动力学模拟研究了有机染料敏化太阳能电池中染料和碘的相互作用 [70]。Galappaththi 等通过计算的方式设计并表征了一系列新的具有 D-π-A 结构框架的有机染料，来源于自然界中广泛存在的花青素，可以有效地敏化半导体，促使吸收光谱延伸到近红外区域 [71]。

1.3.2　疏水/亲水材料

因为液体在各向异性的表面上的运动行为与被束缚在纳米器件中的液体的基本性质相关联 [72-73]，所以一直受到科学界的关注 [74-77]。相关的现象如纳米粗糙程度对表面润湿过程的影响 [78]，毛细管填充交换 [79] 等对制备纳米流体设备 [80]、纳米模板 [81] 以及表面流变学 [82] 都有一定的帮助。表面润湿（从相反的角度出发，即疏水或者超疏水）一直是科学研究的热点问题 [83-88]。为了能够更好地理解表面粗糙结构是如何提高其疏水性的，首先需要了解一下所谓"荷花效应" [89]。众所周知，水在荷叶表面上是非常不稳定的，很快会自行滚落，同时可以带走叶片上的灰尘。自然界中许多植物的叶子都具有这种神奇的自清洁功能。究其原因，是荷叶的表面上存在着很多微米尺寸的突起结构，使得水滴只能够停留在这些微米结构的上方，因此叶面与水之间的实际接触面积很小。针对"荷花效应"即微米结构的突出体具有改变叶面疏水能力的功能，理论和实验上已经出现了一些比较详尽的结果 [90-93]。2004 年，Marmur 采用在平面上构造规则形状突出体的简单理论模型成功地诠释了液滴从叶面上滚落的实验现象 [90]。因此，设计一些有序图案对表面进行纳米尺度上的修饰，对控制液体在表面上的运动行为有很大的帮助。

随着现代技术的发展，工业上已经可以应用物理和化学的方法制备出各种不同图案的表面。例如，利用平版印刷术能够在纳米到微米的尺度上以化学方式更改表面结构，从而获得疏液或亲液特性 [94-95]。另外，热氧化技术（离子轰击结合 O_2 氧化蚀刻）可以用来控制表面上纳米级的粗糙程度 [96]。构建具有不同结构的表面对于控制液体在表面上的润湿行为非常有帮助。在众多被吸附物质中，碳氢化合物因其自身在工艺技术方面的重要性，得到了科学家的青睐。碳氢化合物是化合物世界中最简单的家族，不同碳氢化合物的区别主要在于链长度不同，长链的碳氢化合物是润滑剂和涂层材料的常用组成成分。很多科学家以聚乙烯（polyethylene，PE）作为碳氢化合物的一般模型，采用分子动力学，成功模拟了 PE 在真空中的结晶过程以及在石墨表面上的吸附现象 [30-31,34,36]。

可以预见，在三维体系中，高分子的动力学会根据溶剂条件和高分子浓度的不同呈现出丰富且复杂的行为 [97-98]。然而，高分子链在靠近或者接触固体表面时所表现出来的结构和动力学性质与它们在本体或者溶液中有所不同。在平行和垂直表面的两个方向上，高分子链的构象、局部链节密度等都会出现各向异性，分布不均匀，且将随着与固体表面的距离远近不同而产生变化。另外，固体表面本身在形貌和化学细节上具有不光滑性，或者表面对高分子链节有吸引作用等，都将进一步影响高分子链的动力学行为。这种受限体系中高分子的吸附和扩散现象涉及的核心问题（表面/界面相互作用）一直是高分子物理中一个基本但充满了诸多疑问的重要研究课题，备受科学家的关注 [97-101]。例如，亲水链-疏水表面这类体系非常普遍地存在于涂层工业中。而且，润湿、表面黏附、液体在狭窄的几何容器内流动也都与此类系统有关。高分子在表面上的吸附扩散现象在胶体和生物分子领域有着非常重要的研究意义，如低聚核苷酸在细胞膜这种生物界面上的二维扩散等[102-103]。

20世纪90年代以前，受当时的仪器设备条件限制，很难从实验上对高分子链在表面上的吸附动力学以及扩散运动行为进行精细的研究。随着高分辨率小角X射线散射（SAXS）、X射线荧光相关光谱（XFCS）、近边X射线吸收精细结构光谱（NEXAFS）、二级离子光谱（SIMS）以及原子力显微镜等新技术的迅速发展，仪器分辨率可以达到纳米级别，使得从实验上对单个高分子尺度甚至亚高分子尺度进行研究成为可能[104]。但是，因为高分子由三维溶液中的较舒展结构转变为固体表面的二维吸附，整个过程中动力学因素有很多，所以在很大程度上影响了上述实验技术的应用效果，甚至对于同一个体系、同一种方法，实验结果的可重复性仍然很差。计算机模拟作为一种强有力的工具，恰恰可以弥补实验上的不足，对现象和本质进行深入细致的探讨。针对不同的单链或多链高分子在表面上吸附和扩散的体系已经有很多模拟工作的报道出现在国内外一些高水平的学术期刊上[45-47,105-106]，但是这类体系中仍然存在很多有价值且有争议的问题尚未解决，如高分子链在表面上二维吸附时的动力学标度关系。例如，Granick 等研究了聚乙烯基乙二醇被固体表面吸附的情况，并且发现这些链的扩散系数（D）与聚合度（N）之间存在着 $N^{-3/2}$ 的标度关系[48,107]。Maier 和 Rädler 研究 DNA 在脂质双分子膜上吸附时发现了比较弱的标度，即 N^{-1} [102-103]。还有，Milchev 和 Binder 指出 D 与 $N^{-1.1}$ 成比例[46]；Azuma 和 Takayama 得到的规律是 $D \sim N^{-3/2}$ [105]；Falck 等又得到了 D 应该和 N^0 正比例的结果[106]。可见，高分子链在不同表面（疏水或亲水）上的动力学行为仍然是一个尚未解决但非常有价值的研究课题。

1.3.3　高分子膜

在化学、化学工程和材料科学中最活跃的领域之一是制备、表征和应用高分子材料。由于高分子聚合物具有化学复杂性和组成多样性，并能与其他有机及无机材料相互混合，因此高分子材料拥有广阔的应用前景，在国计民生中的地位变得越来越重要。世界上每一个工业化的国家都在积极开展这方面的研究工作，加速了高分子科学的发展[108-109]。在生命科学领域中，通过对天然高分子（如蛋白质、核酸和多糖）的研究，促进了分子生物学的兴起。在工程技术方面，工业高分子合成专门致力于生产和应用高分子材料，特别是塑料、橡胶、纤维、涂料和黏合剂等。

高分子材料最主要的应用价值在于优良的力学性能，这是由高分子内在的长链结构所决定的。通过改变高分子的化学组成及形态，理论上可以得到大量性能各异的新型高分子材料。但由于高分子是复杂体系，要想获得性能优异的高分子材料，肯定需要进行大量的实验和测试，这意味着会耗费很多资金和时间，并且实验结果常常取决于实验技术人员的经验。因此，与实验科学相比，多尺度计算模拟方法有着不可比拟的优越性，是帮助人们理解高分子的结构特征，预测材料的性质和行为的理想选择。具体地说，一方面，计算模拟方法可以被用来研究现有高分子材料的结构和性质，解释特殊的实验现象，进而辅助新材料设计，即通过材料结构和性能之间的联系设计出化学上或拓扑上结构新颖的高分子，然后通过计算数据预测新分子体系各种稳定的聚集结构及其应有的物理化学性质，提供筛选新材料的设计方案，从而可以缩短新材料的研发周期，降低开发成本。另一方面，依靠计算模拟方法还能够呈现、模拟、分析、探索现代物理与化学实验方法无法观测、捕捉到的特殊现象和极速过程，从而推动新的理论和实验方法的发展。

高分子多链在表面上吸附会形成薄膜或超薄膜，无论是多孔的还是致密的高分子膜在工业上都有着极其广泛的用途[110-115]。它们对于许多科学技术的应用都有着重要意义，例如：黏结、润滑、胶体稳定性、人造器官、生物相容性等。微滤、超滤、逆渗透作用以及气体分离都是多孔膜工业应用的例子。控制多孔膜的形貌对它的应用是至关重要的，因为膜上孔的大小和分布在很大程度上决定了它的功能。目前有很多种技术可以用来制备多孔的高分子膜，"浸入沉淀（immersion precipitation）"相转化法是其中最有效的方法。但是在制备过程中，热力学和动力学因素之间存在着复杂的相互作用，使得在实验上精细地调控膜的结构具有很大的挑战性，许多影响因素很难得到较好的控制，所以需要借助多尺度计算模拟方法细致地研究此过程，为实验提供可靠的预见及设计指导。致密的高分子膜通常被认为是一种"保护层"，能够帮助改善物质的硬度，提高抗氧化的能力以及减小摩擦力等，所以是航空航天、汽车工业以及医疗卫生等领域不可缺少的重要材料。利用多尺度计算模拟方法对致密高分子膜的形成机理和结构调控进行全面、系统的研究，对设计功能性高分子纳米材料，控制高分子表面自组装，透彻地了解高分子纳米粒子与表面的作用机理都有着重要意义。

第2章　多尺度计算模拟方法的理论基础

>>> 2.1　微观方法

2.1.1　量子化学计算简介

化学自诞生以来，一直被科学界认为是一门纯实验科学。直到量子力学出现，化学才逐渐成为综合学科。量子化学是应用量子力学的基本原理和方法研究和解决化学问题的一门基础学科，研究对象是微观粒子，可以研究物质中与电子作用相关的各种科学问题[116-117]。微观粒子具有波粒二象性，其遵循量子力学运动规律，用状态函数（波函数）来描述，不同于可以用经典力学描述的宏观物体运动规律。近一个世纪，量子化学经受住了大量分子光谱和光电子能谱数据的考验，实验结果证明了量子化学的正确性和有效性。目前，化学科学已经处于从定性到定量、从宏观实验现象到微观结构规律探索的变革之中，进入"分子设计"时代，量子化学也越来越显示出重要作用。多种量子化学理论计算方法（密度泛函理论、分子轨道理论、微扰理论、从头算方法、半经验计算方法等）的蓬勃发展和高性能计算机设备的普遍使用共同提高了计算模拟的精度，扩大了可研究体系的尺寸，拓展了量子化学的应用范围，加速了其向其他学科领域渗透。

量子化学的应用领域十分广阔，涉及以下多方面研究：

①平衡状态下分子的结构、能量、稳定性方面的计算和分析；

②分子各种电子性质的计算和分析，包括电子结构、光学、电学、磁学等性质；

③分子间非键相互作用的计算和分析；

④分子光谱、能谱等谱学性质的计算和分析；

⑤化学、生物化学、药物中反应的过渡态、路径和机理问题；

⑥设计新物质结构，预测构效关系，解释特殊化学现象。

含有 n 个电子的分子体系的电子波函数依赖于 $3n$ 个空间坐标以及 n 个自旋坐标。在某种意义上，多电子分子的波函数虽然含有更多的信息，但是缺少直观的物理意义。这一问题促使科学家想要寻找比波函数含有的变量更少且能够被直接用来计算能量和其他性质的函数。其中一个里程碑是密度泛函理论（density functional theory，DFT）的建立，由量子化学家 Walter Kohn 和他的学生们共同提出[118-119]。1998年诺贝尔化学奖授予了量子化学家 Walter Kohn 和 John Pople，表彰他们在开拓用于研究分子性质及分子参与化学过程的理论和方法上的杰出贡献，这也奠定了密度泛函理论在量子化学计算领域的核心地位。密度泛函理论不但给出了将多电子问题简化为单电子问题的理论基础，而且成为计算大分子与凝聚态的电子结构和总能量的有力工具，因此密度泛函理论是多粒子大体系基础研究的重要理论方法，具有误差小、效率高等优势。

1927年，Thomas 和 Fermi 提出的 T-F 模型首先将原子体系的总能量表达为电子密度的泛函。该模型的物理图像清晰、表达式相对简单，但是计算结果不够准确，在实际应用中不理想。密度泛函理论建立在 Hohenberg 和 Kohn 关于非均匀电子气的理论基础上，可以归纳为两个基本定理[118]：

定理一：不计自旋的全同费米子系统的基态能量是粒子数密度函数 $\rho(r)$ 的唯一泛函。

定理二：在粒子数目不变的条件下，能量泛函 $E[\rho]$ 对正确的粒子数密度 $\rho(r)$ 取极小值，等于基态能量。

Hohenberg-Kohn 定理证明了从理论上可以仅根据基态电子密度计

算出基态分子所有的性质，而不需要采用波函数。电子密度是可观测量，即波函数的平方。虽然体系波函数的复杂性会随着电子数目的增加而增大，但电子密度仍保持着相同数目的变量，与体系的大小无关。不过 Hohenberg-Kohn 定理并没有说明如何根据基态电子密度计算基态能量，以及如何在没有波函数的前提下获得基态电子密度。达成这些目标的关键步骤由 Kohn 和 Sham 于 1965 年完成[119]，他们使用 Kohn-Sham 方程（也称 K-S 方程）得出了比较准确的计算结果，该方程中含有一个近似的未知泛函。

根据 Hohenberg-Kohn 定理，有

$$E_0 = E_v[\rho_0] = \int \rho_0(r)v(r)\mathrm{d}r + \bar{T}[\rho_0] + \bar{V}_{ee}[\rho_0] = \int \rho_0(r)v(r)\mathrm{d}r + F[\rho_0] \quad (2\text{-}1)$$

其中泛函 $F[\rho_0] = \bar{T}[\rho_0] + \bar{V}_{ee}[\rho_0]$，它与外势场无关。公式（2-1）并没有提供根据 ρ_0 计算 E_0 的实际方法，因为泛函 $F[\rho_0]$ 是未知的。定义公式（2-2）和公式（2-3）：

$$\Delta \bar{T}[\rho] = \bar{T}[\rho] - \bar{T}_s[\rho] \quad (2\text{-}2)$$

$$\Delta \bar{V}_{ee}[\rho] = \bar{V}_{ee}[\rho] - \frac{1}{2}\iint \frac{\rho(r_1)\rho(r_2)}{r_{12}}\mathrm{d}r_1\mathrm{d}r_2 \quad (2\text{-}3)$$

将它们代入式（2-1），可以得到

$$E_v[\rho] = \int \rho(r)v(r)\mathrm{d}r + \bar{T}_s[\rho] + \frac{1}{2}\iint \frac{\rho(r_1)\rho(r_2)}{r_{12}}\mathrm{d}r_1\mathrm{d}r_2 + \Delta \bar{T}[\rho] + \Delta \bar{V}_{ee}[\rho] \quad (2\text{-}4)$$

泛函 $\Delta \bar{T}$ 与 $\Delta \bar{V}_{ee}$ 是未知的，前者是平均基态电子动能与非相互作用电子参考态的平均动能的差值，后者是电子间相互作用能与电子间库仑排斥能的差值。设定交换相关泛函 $E_{xc}[\rho]$ 为这两个未知项的和，可以得到

$$E_{xc}[\rho] = \Delta \bar{T}[\rho] + \Delta \bar{V}_{ee}[\rho] \quad (2\text{-}5)$$

$$E_v[\rho] = \int \rho(r)v(r)\mathrm{d}r + \bar{T}_S[\rho] + \frac{1}{2}\iint \frac{\rho(r_1)\rho(r_2)}{r_{12}}\mathrm{d}r_1\mathrm{d}r_2 + E_{xc}(\rho) \qquad (2\text{-}6)$$

式（2-6）等号右侧的前三项很容易得到且包含了对基态能量的主要贡献，$\bar{T}_S$ 项是无相互作用体系的动能。第四项 E_{xc} 虽然难以准确得到，但该项的影响相对较小。使用 K-S 方程准确计算分子性质的关键在于得到更理想的 E_{xc} 近似值。

使用由 Kohn-Sham 轨道（也称 K-S 轨道）θ_i^{KS} 搭建 Slater 行列式的电子波函数，基态电子密度为

$$\rho = \rho_S = \sum_{i=1}^{n}\left|\theta_i^{KS}\right|^2 \qquad (2\text{-}7)$$

将公式（2-7）代入公式（2-6）可以得到

$$E_0 = -\sum_{\alpha}Z_{\alpha}\int \rho(r_1)r_{1\alpha}^{-1}\mathrm{d}r_1 - \frac{1}{2}\sum_{i=1}^{n}\left\langle\theta_i^{KS}(1)\left|\nabla_1^2\right|\theta_i^{KS}(1)\right\rangle +$$

$$\frac{1}{2}\iint\frac{\rho(r_1)\rho(r_2)}{r_{12}}\mathrm{d}r_1\mathrm{d}r_2 + E_{xc}(\rho) \qquad (2\text{-}8)$$

因此，若有办法得到 K-S 轨道 θ_i^{KS} 以及泛函 E_{xc}，就可以根据 ρ 得到能量 E_0。

依据 Hohenberg-Kohn 定理二，可以得到分子基态能量的 K-S 轨道满足如下关系：

$$\left[-\frac{1}{2}\nabla_1^2 - \sum_{\alpha}Z_{\alpha}/r_{i\alpha} + \int\frac{\rho(r_2)}{r_{12}}\mathrm{d}r_2 + v_{xc}(1)\right]\theta_i^{KS}(1) = \varepsilon_i^{KS}\theta_i^{KS}(1) \qquad (2\text{-}9)$$

ε_i^{KS} 是 K-S 轨道能量，交换相关势 v_{xc} 是交换相关能对电子密度的微分

$$v_{xc} = \frac{\delta E_{xc}[\rho(r)]}{\delta\rho(r)} \qquad (2\text{-}10)$$

事实上，交换相关能和交换相关势的准确表达式无人知晓，仅仅知道 E_{xc} 是 ρ 的泛函，而 ρ 是位置向量的函数。目前对于 DFT 方法的发展主要集中在对交换相关泛函的构造和改进，力求获得更精确的计算结果。构造交换相关泛函的方法有很多，但是基本原理是一样的，即将交换相关泛函细分，按照电子密度、电子密度梯度、电子密度二阶梯度等展开，重要性依次降低，这样就形成了局域密度近似（local density approximation，LDA）、广义梯度近似（generalized gradient approximation，GGA）等一系列不同等级的交换相关泛函。LDA 只与电子密度有关，而 GGA 在 LDA 的基础上进一步增加了电子密度梯度项，Meta-GGA 考虑了二阶梯度项。在描述分子体系的基态相关性质时，广义梯度近似 GGA 比 LDA 具有更好的表现。杂化泛函的公式中混入了 Hartree-Fock 精确的交换能，意味着加入了远程相互作用。比较常用的交换相关泛函包括 Slater-Vosko-Wilk-Nusair（SVWN）[120]，Becke-Lee-Yang-Parr（BLYP）[121-122]，Perdew-Burke-Ernzerhof（PBE）[123] 等。

2.1.2　分子动力学模拟简介

分子动力学模拟（MD）是在原子、分子水平上求解多体问题的重要的计算模拟方法。它采用力场的方法，通过求解经典力学方程，即牛顿（Newton）方程，模拟体系随时间的演化过程。并且，依据体系的微观信息（如原子、分子的位置、速度、加速度等），利用统计力学的方法可以获得体系的宏观性质（压力、内能等）。分子动力学方法是一种确定性方法，即一旦已知分子的初始位置和速度，就可以确定将来任意时刻系统的运动状态。其出发点是物理系统的确定性微观描述，系统中的每个粒子都遵从经典力学运动规律。分子动力学模拟的优点在于系统中粒子的运动有正确的物理依据，能够同时获得体系的动态行为与热力学统计性质，并可以广泛地应用于研究各种系统及各类特性材料，具有普适性。目前，分子动力学模拟已经成为不可或缺的经典研究方法。

2.1.2.1 基本原理[1-3,108,124]

分子动力学方法是 Alder 与 Wainwright 在 1957 年发展起来的[28]。在 1927 年 Born 和 Oppenheimer 提出的 Born-Oppenheimer 近似（又称定核近似）[125] 的基础上，考虑一个具有 n 个作用单元的系统，当系统的空间位置和动量（都为广义坐标）确定后，则

$$q = (q_1,\ q_2,\ \cdots,\ q_n)$$

$$p = (p_1,\ p_2,\ \cdots,\ p_n) \qquad (2\text{-}11)$$

在确定的力场中，可以用广义坐标的形式来表述该体系的 Hamilton 量[1]：

$$H(q,\ p) = K(p) + V(q) \qquad (2\text{-}12)$$

任一广义坐标 q 都对应着一个共轭的广义动量 p。当第 i 个作用单元的质量为 m_i 时，动能部分 $K(p)$ 有如下形式

$$K(p) = \sum_{i=1}^{N} \frac{1}{2m}\left(p_{i,x}^2 + p_{i,y}^2 + p_{i,z}^2\right) \qquad (2\text{-}13)$$

而势能部分 $V(q)$ 则包含了所有分子内/分子间相互作用的全部信息，可表达为

$$V(q) = \sum_i V_1(r_i) + \sum_i \sum_{j>i} V_2(r_i \cdot r_j) + \sum_i \sum_{j>i} \sum_{k>j>i} V_3(r_i \cdot r_j \cdot r_k) + \cdots \qquad (2\text{-}14)$$

体系的势能可以由量子化学方法计算得出，也可以采用参数拟合函数的方式得到。但是，目前应用量子化学处理一个含有成千上万个原子的系统是很困难的。所以，在处理大的分子聚集体系、生物大分子体系及高分子体系时，往往利用力场来描述体系的势能。

当动能和势能都表达清楚后，就可以建立该体系的运动方程

$$\left.\begin{array}{l} \dot{\boldsymbol{p}} = -\dfrac{\partial H}{\partial \boldsymbol{q}} \\[3mm] \dot{\boldsymbol{q}} = \dfrac{\partial H}{\partial \boldsymbol{p}} \end{array}\right\} \qquad (2\text{-}15)$$

在笛卡儿空间进行数值积分求解。体系的温度与各原子的平均速度有关：

$$3k_B T = \sum_{i=1}^{n} m_i \frac{(\boldsymbol{v}_i \cdot \boldsymbol{v}_i)}{n} \qquad (2\text{-}16)$$

　　由原子的位置、速度、键接方式和各种势能函数计算出体系的总能量，然后计算各原子在该力场中的势能梯度，得出每个原子在分子力场中所受的力，从而可以按照牛顿第二定律计算出原子的运动行为。这是一个不断迭代的过程。足够多次数的循环迭代将完成体系运动方程的整个积分过程，进而得到一个多体问题的解，以及在相空间（即由原子的位置和动量构成的空间）中的运动轨迹。

2.1.2.2　分子力场 [3,108]

　　分子力场是分子模拟中一个十分重要的概念，是应用经典力学进行分子模拟的基石。分子力场是原子、分子尺度上的一种势能场，它的描述决定着分子中原子的拓扑结构和运动行为。

　　在量子力学中，想要确定分子稳定状态的电子结构和性质，在非相对论近似下，必须求解分子体系的定态薛定谔方程（Schrödinger equation）[117]：

$$\left\{ -\frac{1}{2}\sum_p \frac{1}{m_p}\nabla_p^2 - \frac{1}{2}\sum_i \nabla_i^2 + \sum_{p<q}\frac{Z_p Z_q}{R_{pq}} + \sum_{i<j}\frac{1}{r_{ij}} - \sum_{p,i}\frac{Z_p}{r_{pi}} \right\}\Psi = E\Psi \qquad (2\text{-}17)$$

　　此方程具有相当的普遍性，但是由于太过复杂，所以对其精确求解变得相当困难。目前仅对少数几个简单的体系能够得到精确的解，如氢原子和类氢离子体系。对于多电子体系的求解，需建立各种近似方法，其中最常用的是变分法、微扰理论、密度泛函理论等。

分子中原子核的质量比电子的质量大 $10^3 \sim 10^5$ 倍，所以电子运动的平均速度比原子核的平均速度快得多，相当于核运动平均速度的千倍。据此，Born 和 Oppenheimer 提出在求解电子运动问题时，可以将电子运动和核运动分开考虑，即认为原子核运动不影响电子状态，这就是著名的 Born-Oppenheimer 近似[125]。根据此近似，方程（2-17）可以通过分离变量分解成两个方程：

$$\left\{ -\frac{1}{2}\sum_i \nabla_i^2 - \sum_{p,i}\frac{Z_p}{r_{pi}} + \sum_{p<q}\frac{Z_p Z_q}{R_{pq}} + \sum_{i<j}\frac{1}{r_{ij}} \right\}\Psi^{(e)} = E(\boldsymbol{R})\Psi^{(e)} \qquad (2\text{-}18)$$

$$\left\{ -\sum_p \frac{1}{2m_p}\nabla_p^2 + E(\boldsymbol{R}) \right\}\Psi = E_T\Psi \qquad (2\text{-}19)$$

方程（2-18）为固定核在某一位置时体系的电子运动方程，方程（2-19）为原子核的运动方程，其中 $E(\boldsymbol{R})$ 是分子体系中与核运动有关的势能函数。含有 N 个原子的分子体系应具有 $3N-6$（非线性分子）或 $3N-5$（线性分子）个自由度。在多维空间中绘制出 $E(\boldsymbol{R})$ 与 $\boldsymbol{R}$ 的变化关系图，通常称为势能面。

原则上，通过求解方程（2-18）能够得到势能 $E(\boldsymbol{R})$，进而可解方程（2-19）。然而，精确求解方程（2-18）也不是一件容易的事，通常需要利用依靠经验拟合得到的势能面 V 来解方程（2-19）。由于原子核相对较重，量子效应相对较小，所以可以用牛顿运动方程来描述原子核的运动：

$$-\frac{\mathrm{d}V}{\mathrm{d}\boldsymbol{R}} = m\frac{\mathrm{d}^2\boldsymbol{R}}{\mathrm{d}t^2} \qquad (2\text{-}20)$$

综上所述，可以看出力场方法是建立在 Born-Oppenheimer 近似的基础上的。

通过对势能面进行经验拟合得到的适合某种体系的势函数被称为力场。其中，所选势函数的形式及其相应参数是决定一个力场有效性的关键因素。

一个力场一般包括以下几部分：

①原子类型列表：原子类型由特定力场定义。它不仅由原子序数决定，通常还包含原子的杂化态信息，有些力场也将局部化学环境的信息包括在内。

②如果在原子类型列表中不包含电荷信息，那么原子电荷需要单独列表。

③确定原子类型的规则。

④能量（势能）表示的函数形式。

⑤能量各函数项的参数。

⑥有些力场会给出产生未知参数的规则。

⑦有些力场会给出标识函数形式和参数的方法。

分子动力学模拟中使用的大多数力场普遍都包含描述分子内和分子间相互作用的五项主要组分，即键伸缩能、键角弯曲能、二面角扭转能、范德华能和库仑能。力场中体系势能的大小与键长和键角偏离它们各自的参考值或平衡值的幅度（键伸缩能和键角弯曲能）、化学键旋转时能量的变化（二面角扭转能），以及体系中非键部分的作用能（范德华能和库仑能）等密切相关。例如，DREIDING和UFF[126-127]就是这类力场的代表。现代一些高质量的力场（即第二代力场），如CFF，PCFF，COMPASS等[128-135]，为了获得更高的计算准确度，又加入了一些交叉项，用于考虑邻近原子对键长或键角扭曲的影响。

体系的势能（E_{total}）通常可以表示为键能（$E_{valence}$）、非键能（$E_{nonbond}$）和交叉项（$E_{crossterm}$）的总和：

$$E_{total} = E_{valence} + E_{nonbond} + E_{crossterm} \qquad (2-21)$$

键能作用项 $E_{valence}$ 一般包括键伸缩能（E_{bond}）、键角弯曲能（E_{angle}）、二面角扭转能（$E_{torsion}$），以及反转能（也被称为面外能，表示为 $E_{inversion}$ 或 E_{oop}），这些都是共价键体系中普遍存在的。对于有些涉及1~3构象的原子对（如同时键接到一个原子上的多个原子），有时也采用Urey-Bradley项（E_{UB}）来考虑它们之间的作用，故键能项可以表示为：

$$E_{valence} = E_{bond} + E_{angle} + E_{torsion} + E_{oop} + E_{UB} \qquad (2-22)$$

非键能 $E_{nonbond}$ 一般包括范德华作用能（E_{vdW}）、库仑能（$E_{Coulomb}$）和氢键能（E_{Hbond}）三项：

$$E_{nonbond} = E_{vdW} + E_{Coulomb} + E_{Hbond} \qquad (2-23)$$

交叉项 $E_{crossterm}$ 包含键伸缩–键伸缩耦合、键伸缩–键角弯曲耦合、键角弯曲–键角弯曲耦合、键角弯曲–键角弯曲–键翻转耦合、键角弯曲–键翻转耦合等项。

2.1.2.3 积分算法

分子动力学模拟是一种确定性的计算方法，即它可以由体系当前的状态出发预测其他任意时刻的状态，其模拟结果反映体系"真实"的动力学行为。考虑含有 N 个分子的系统，根据经典力学，系统中任一原子 i 所受之力为势能的梯度：

$$\boldsymbol{F}_i = -\nabla_i V = -\left(\boldsymbol{i}\frac{\partial}{\partial x_i} + \boldsymbol{j}\frac{\partial}{\partial y_i} + \boldsymbol{k}\frac{\partial}{\partial z_i} \right)V \qquad (2-24)$$

由牛顿运动定律可得 i 原子的加速度为：

$$\boldsymbol{a}_i = \frac{\boldsymbol{F}_i}{m_i} \qquad (2-25)$$

将牛顿方程对时间积分，可预测出第 i 个原子经过一段时间后的运动速度与位置。

为了简化积分过程，将使用连续变量转换为采用有限元差分方法。其核心思想是将整个积分区间划分为许许多多的小片段，每一个片段的时间固定为 δt ，在此时间范围内，认为粒子的受力是恒定的。在任一时刻 t ，每一个粒子总的受力都是它与其他粒子所有相互作用的矢量和。然后，依据公式（2-25）可得粒子的加速度，再结合粒子在时刻 t 的位置和速度，则可计算出粒子在 $t+\delta t$ 时刻的位置和速度。粒子在新位置上的受力情况同样可按照上述方法得到，进而计算得到 $t+2\delta t$ 时刻粒子的位置和速度。如此不断循环下去即可得到各个时刻系统中分子运动的位置、速度及加速度等信息。通常将随着时间演化而连续变化的分子位置称为运动轨迹（trajectory）。

目前，利用有限元差分方法求解牛顿运动方程已经形成了很多种算法，比较常见的有 Verlet 算法、Verlet leap-frog 算法、velocity Verlet 算法等[136-140]。以下仅对分子动力学模拟中几种常用的积分算法做简要介绍：

（1）Verlet 算法[136-137]。Verlet 算法基于体系在 $t-\delta t$、t 时刻的位置 $\boldsymbol{r}(t-\delta t)$、$\boldsymbol{r}(t)$ 和 t 时刻的加速度 $\boldsymbol{a}(t)$，根据公式

$$\boldsymbol{r}(t+\delta t)=2\boldsymbol{r}(t)-\boldsymbol{r}(t-\delta t)+\delta t^2\boldsymbol{a}(t) \tag{2-26}$$

可计算出体系 $t+\delta t$ 时刻的位置 $\boldsymbol{r}(t+\delta t)$。可见 Verlet 算法在计算体系随时间演化的轨迹时，无须体系的速度。此法中速度可由下式计算：

$$\boldsymbol{v}(t)=\frac{\boldsymbol{r}(t+\delta t)-\boldsymbol{r}(t-\delta t)}{2\delta t} \tag{2-27}$$

Verlet 算法的优点是每个时间步长 δt 只对能量进行一次计算，对计算机内存的需求较小，可以采用较大的时间步长。不足之处在于式（2-26）中 $\delta t^2\boldsymbol{a}(t)$ 项的引入使计算精度降低，且计算 t 时刻的速度时需要 $t+\delta t$ 时刻的位置，也会给计算带来不便。

（2）Verlet leap-frog 算法[138-139]。Verlet leap-frog 算法对 Verlet 算法进行了改进，通过体系在 $t-\delta t/2$ 时刻的速度 $\boldsymbol{v}(t-\delta t/2)$，以及 t 时刻的位置 $\boldsymbol{r}(t)$ 和加速度 $\boldsymbol{a}(t)$，计算体系在 $t+\delta t/2$ 时刻的速度 $\boldsymbol{v}(t+\delta t/2)$，$t+\delta t$ 时刻的位置 $\boldsymbol{r}(t+\delta t)$ 和加速度 $\boldsymbol{a}(t+\delta t)$：

$$v\left(t+\frac{1}{2}\delta t\right)=v\left(t-\frac{1}{2}\delta t\right)+\delta t a(t) \tag{2-28}$$

$$r(t+\delta t)=r(t)+\delta t v\left(t+\frac{1}{2}\delta t\right) \tag{2-29}$$

$$a(t+\delta t)=\frac{f(t+\delta t)}{m} \tag{2-30}$$

其中作用力 $f(t+\delta t)$ 由体系的势函数 V 对位置 $r(t+\delta t)$ 的微分 $-\mathrm{d}V/\mathrm{d}r(t+\delta t)$ 求得。由式（2-28）和式（2-29）可以看出，Verlet leap-frog算法的缺陷在于计算体系的位置和速度时存在不同步性，但因其优异的稳定性，Verlet leap-frog算法的应用仍然非常广泛。

（3）velocity Verlet算法[140]。velocity Verlet算法克服了Verlet leap-frog算法在计算体系的位置和速度时所呈现出的不同步性。它根据体系在 t 时刻的位置 $r(t)$、速度 $v(t)$ 和加速度 $a(t)$ 计算体系在 $t+\delta t$ 时刻的位置 $r(t+\delta t)$、速度 $v(t+\delta t)$ 和加速度 $a(t+\delta t)$：

$$r(t+\delta t)=r(t)+\delta t v(t)+\frac{\delta t^2 a(t)}{2} \tag{2-31}$$

$$a(t+\delta t)=\frac{f(t+\delta t)}{m} \tag{2-32}$$

$$v(t+\delta t)=v(t)+\frac{1}{2}\delta t\left[a(t)+a(t+\delta t)\right] \tag{2-33}$$

综上所述，时间步长 δt 是积分算法中一个关键的参数，它的选取直接关系到计算用时的长短和结果的优劣。一般来说，应该取体系最高频率振动周期的1/10~1/8作为时间步长，因为在这样短的时间段内，体系的速度和加速度才能满足恒定的假设。大多数分子体系中，最高频率的振动是C—H键的伸缩振动，其振动周期的数量级约为 10^{-14} s（即10 fs），所以时间步长一般取0.5~1.0 fs。

2.1.2.4　周期性边界条件与最近镜像

进行分子动力学模拟时，通常会将所选取的一定数目的粒子放置于立方箱中。为使系统的密度在模拟过程中维持恒定，大多都会采用周期性边界条件（periodic boundary condition）。以二维的计算系统为例，图2-1给出了二维盒子中粒子的排列及移动方向。图中位于中央的盒子表示所模拟的系统，周围盒子中的粒子与模拟系统中的研究对象具有相同的排列及运动，被称为周期性镜像（periodic mirror image）系统。当模拟系统中任一粒子移出到盒外时，则必有另一粒子由相反的方向移入，如图2-1中第2号粒子所示。这种限制行为被称为周期性边界条件。此时，系统中的总粒子数维持恒定，即密度不变，符合实际的要求。

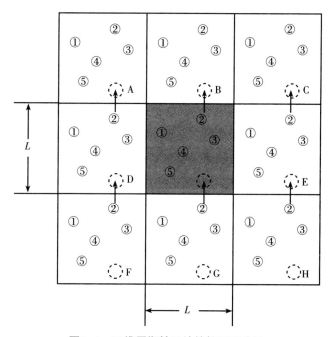

图2-1　二维周期性系统的粒子移动图

计算系统中粒子之间的相互作用力时，采用最近镜像（nearest mirror image）方法。如图2-2所示，若计算粒子①与粒子③之间的

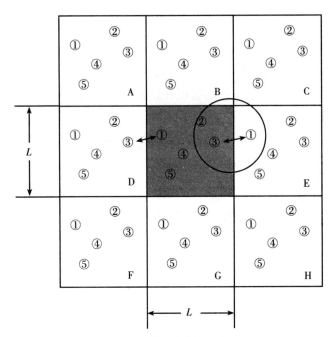

图2-2　粒子的最近镜像

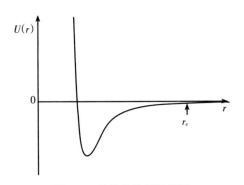

图2-3　范德华作用势能图

作用力，选取的是与粒子①距离最近的镜像：D盒中的粒子③。同样，计算粒子③与粒子①的作用力时应取模拟系统中的③号粒子与E盒中的①号粒子。由于最近镜像概念的引入，需要利用截断半径（cut-off　radius）的方法来划定体系中远程作用力的计算范围，否则会因为重复计算相同号码粒子间的力而导致不正确的结果。图2-3描述了范德华作用势能的整体变化趋势，当$r > r_c$时势能的值已非常趋近于零，表示此时粒子间的范德华作用力可以忽略不计，这里的 r_c 为截断半径。另外，值得注意的是，MD中若分子间距离大于截断半径，则认为二者之间无相互作用。截断半径最大不能超过盒长的一半，即 $r_c \leq L/2$，一般原子的截断半径取为 1 nm 左右。

2.1.2.5　统计力学的一些基本概念 [141-142]

统计力学是从原子、分子水平上阐述物质宏观性质的一门科学。它从分析组成宏观物质的微观粒子的性质出发，推导出宏观物质运动变化所遵循的规律；通过粒子的微观信息（能量、简并度、分子间相互作用势能等）计算物质的宏观性质。从某种意义上讲，它在宏观和微观之间建立起联系的桥梁。统计力学处理问题的方法可分为两种：玻尔兹曼统计方法和系综（ensemble）方法。本节仅介绍与分子动力学相关的系综方法的几个基本概念。

对于任何已达到平衡的体系，其宏观热力学性质具有确定值，体系处于确定的状态。然而从微观角度来看，由于组成系统的微观粒子的运动状态瞬息万变，那么在任一时刻，所有粒子微观状态的总和表现为整个体系的一种微观状态，故它也是瞬息万变的。系统的宏观热力学性质是在一定的时间范围内，系统中所有可及微观状态相应微量的统计平均。在测量时间内，已达平衡的热力学体系的所有可及微观状态都可能出现，并可出现多次。设想随着时间的演化，体系所有的微观状态相继出现，且分别用与所研究体系完全相同的系统来代表每个微观状态，即对每个微观状态赋予一个体系，此体系和实验体系拥有完全相同的宏观热力学量，但其微观量和代表的微观状态不同，这样就得到一组大量体系的集合，此种集合被称为系综。从宏观角度分析，系综里的所有体系是相同的，都是实验体系的拷贝体系；但从微观角度来看，它们又是不同的，因为每个体系可能处于不同的微观状态，具有不同的微观量。为了得到系统的宏观热力学性质，需要先求出系综中任一体系处于某种特定微观状态的概率，也就是实验体系的每个可及微观状态出现的概率，同时计算出各体系对该热力学量的贡献，然后加和，所得结果便是该热力学量的系综平均。用系综平均代替时间平均是吉布斯建立的系综方法的基本思想。系综既不是实体，也不是假设，是为了求解力学量的平均而引入的一种方法或概念。

统计力学的基本假设包括：

假设一：如果系综体系的热力学状态及所处环境和实际体系的完全相同，那么在系综体系数目无限大时，体系任一力学量的时间平均等于其系综平均。

假设二：在一个孤立体系的代表系综中，系综体系以相等的概率均匀地分布在实际体系的所有可及微观状态上，即孤立体系的所有可及微观状态出现的概率相等。

根据体系的热力学环境不同，可划分为：①孤立体系——粒子数 N、体积 V 和能量 E 都恒定的体系；②等温的封闭体系——粒子数 N、体积 V 和温度 T 都恒定的体系；③等温的敞开体系——化学势 μ、粒子数 N 和温度 T 都恒定的体系。相应的代表系综分别是微正则系综、正则系综和巨正则系综。下面只介绍本书的计算模拟实例中用到的正则系综分布。

正则系综代表一个与热浴处于热平衡状态的系统。设想把系统 A 与热源 A' 合在一起组成一个大的孤立体系。倘若状态变化是不连续的，当系统处于 i 态而热源处于 j 态时，孤立体系有确定的状态 ij，且概率 ρ_{ij} 为

$$\rho_{ij} = \frac{1}{\Omega(E_0)} \qquad (2\text{-}34)$$

其中，$\Omega(E_0)$ 是能量为 E_0 的大孤立系统（A+A'）所有可能的微观状态的总数。设系统 A 第 i 态的能量为 E_i，热源 A' 的能量为 E'，则：

$$E_0 = E_i + E' \qquad (2\text{-}35)$$

由于热源的能量远大于系统的能量，故有 $E_0 \gg E_i$。按照概率加法定

理，封闭体系 A 处于第 i 态且热源 A' 处于能量为 E' 的任意态的概率 ρ_i，应当是式（2-34）对热源状态 j 的求和，即 $\rho_i = \sum_j \rho_{ij} = \sum_j 1/\Omega(E_0)$。

将常数 $1/\Omega(E_0)$ 提到求和号外面后，求和就变成了对每一个出现的微观状态迭加 1，所以求和次数等于能量为 $E' = E_0 - E_i$ 时，热源可及的微观状态数 Ω'，于是

$$\rho_i = \frac{\Omega'(E_0 - E_i)}{\Omega(E_0)} \qquad (2\text{-}36)$$

取对数后，再对 $\ln \Omega'$ 做泰勒展开，并取一级近似，可得：

$$
\begin{aligned}
\ln \rho_i &= \ln \Omega'(E_0 - E_i) - \ln \Omega(E_0) \\
&= \ln \Omega'(E_0) - E_i \left(\frac{\partial \ln \Omega'}{\partial E'} \right)_{E_0,\ V} - \ln \Omega(E_0) \\
&= \ln \frac{\Omega'(E_0)}{\Omega(E_0)} - \beta E_i \qquad (2\text{-}37)
\end{aligned}
$$

其中

$$\beta = \left(\frac{\partial \ln \Omega'}{\partial E'} \right)_{E_0,\ V} \qquad (2\text{-}38)$$

若记 $\ln \dfrac{\Omega'(E_0)}{\Omega(E_0)} = \beta F$，代入式（2-37）即可得到系统出现第 i 态的概率

$$\rho_i = e^{\beta(F - E_i)} \qquad (2\text{-}39)$$

这就是正则系综分布。

>>> 2.2　介观方法——耗散粒子动力学模拟简介

在许多情况下，即使采用珠-簧（bead-spring）模型，也很难对大尺度的高分子系统进行有效率的计算，所以介观模拟方法应运而

生。耗散粒子动力学（DPD）是其中一个成功的例子，可以用于模拟牛顿流体与非牛顿流体的介观方法[12-14]。在DPD中，一个液体粒子代表了许多分子的集合。因为忽略了液体元素内部的自由度而只考虑其整体质心的运动，所以DPD采用了非常软的相互作用势，粒子间的相互作用是介观的。

2.2.1　基本原理

DPD粒子遵循牛顿运动方程：

$$\left.\begin{aligned} \frac{\mathrm{d}\boldsymbol{r}_i}{\mathrm{d}t} &= \boldsymbol{v}_i \\ \frac{\mathrm{d}\boldsymbol{v}_i}{\mathrm{d}t} &= \boldsymbol{f}_i \end{aligned}\right\} \tag{2-40}$$

这里 $\boldsymbol{r}_i$ 和 $\boldsymbol{v}_i$ 分别是粒子的位置和速度矢量。为了简化计算，将所有DPD粒子的质量都设为1，所以每个粒子受到的总作用力等于其加速度。这个总作用力包括三部分：

$$\boldsymbol{f}_i = \sum_{j \neq i} \left(\boldsymbol{F}_{ij}^{\mathrm{C}} + \boldsymbol{F}_{ij}^{\mathrm{D}} + \boldsymbol{F}_{ij}^{\mathrm{R}} \right) \tag{2-41}$$

保守力：$\boldsymbol{F}_{ij}^{\mathrm{C}} = \alpha_{ij} \omega_{\mathrm{C}}(r_{ij}) \hat{\boldsymbol{r}}_{ij}$

耗散力：$\boldsymbol{F}_{ij}^{\mathrm{D}} = -\gamma \omega_{\mathrm{D}}(r_{ij}) (\hat{\boldsymbol{r}}_{ij} \cdot \boldsymbol{v}_{ij}) \hat{\boldsymbol{r}}_{ij}$　　　　(2-42)

随机力：$\boldsymbol{F}_{ij}^{\mathrm{R}} = \sigma \xi_{ij} \omega_{\mathrm{R}}(r_{ij}) \hat{\boldsymbol{r}}_{ij}$

其中 $\boldsymbol{r}_{ij} = \boldsymbol{r}_i - \boldsymbol{r}_j$，$r_{ij} = |\boldsymbol{r}_{ij}|$，$\hat{\boldsymbol{r}}_{ij} = \boldsymbol{r}_{ij} / |\boldsymbol{r}_{ij}|$，$\alpha_{ij}$ 是粒子 i 和粒子 j 之间的最大排斥力，γ 是摩擦系数，σ 是噪声幅度，ξ_{ij} 是一个平均值为零（$\langle \xi_{ij} \rangle = 0$）、方差（unit variance）为1的随机波动变量，满足 $\langle \xi_{ij}(t) \xi_{kl}(t') \rangle = (\delta_{ik}\delta_{jl} + \delta_{il}\delta_{jk}) \delta(t - t')$。这个关系式保证了不同作用的粒子对在不同时刻的随机力是互不依赖、互相独立的，其对称关系 $\xi_{ij} = \xi_{ji}$ 又确保了体

系的动量守恒。粒子间相互作用势的形式由权重函数 ω_C，ω_D，ω_R 决定。为方便起见，在 DPD 早期的版本中，这三个权重函数一般取相同形式。1995 年，Español 和 Warren[13] 证明：在 $\delta t \to 0$ 的极限条件下[143]，如果取 $\gamma = \dfrac{\sigma^2}{2k_\mathrm{B}T}$，$\omega_\mathrm{D}\left(r_{ij}\right) = \left(\omega_\mathrm{R}\left(r_{ij}\right)\right)^2$（$k_\mathrm{B}$ 是玻尔兹曼常数），则系统符合正则系综并遵守涨落–耗散理论。

并且，DPD 中这三个力的作用范围都在一个确定的截断半径 r_c 内，作为体系中唯一的长度尺度标准，在模拟中，这个值一般都被设定为单位长度，即 $r_\mathrm{c} = 1$。另外，值得注意的是，当把 DPD 模型用于聚合物体系时，还需要考虑一条链上相邻粒子间的弹簧力，$\boldsymbol{F}_{ij}^s = k\left(r_{ij} - r_\mathrm{eq}\right)\hat{\boldsymbol{r}}_{ij}$，$k$ 为弹性常数，r_eq 是弹簧的平衡长度，这个力可被作为保守力的一部分。在 MD 中，相互作用势是粒子间距离 r_{ij} 的高次多项式，而 DPD 中的相互作用势是 r_{ij} 的线性函数，是"软"的，所以 DPD 相对于 MD 来说可采用更大的积分步长，模拟更大尺度的高分子体系。而且，由于力是成对出现的，因此体系的动量守恒，其宏观行为符合 Navier-Stokes 流体动力学（hydrodynamics）。

2.2.2　积分算法

计算模拟方法中的一个核心问题是如何积分体系的运动方程。在 MD 中，人们对这一问题的理解和应用都已经比较成熟和完善了[144]。而在 DPD 方法中，这个问题还有待人们进一步去研究和讨论。其问题主要存在于两个方面：①随机力的出现使得体系的时间可逆性行为不再存在；②耗散力与相互作用的粒子对之间的相对速度成正比，这种作用力和粒子速度的相关使积分变得困难，并且能够导致模拟得到的一些物理量产生人为的错误或者偏差[14, 145-147]。2002—2003 年，Vattulainen[148-149] 等探讨了不同积分算法在 DPD 中的应用。在这里，只对本书中列举的 DPD 模拟实例所涉及的积分算法做简单的介绍。

DPD-velocity Verlet（DPD-VV）算法[14, 150] 是在经典的 Verlet 算

法的基础上建立起来的。它不引入任何调节参数,与分子动力学模拟中的velocity Verlet相比,只是增加了耗散力对速度的依赖性。其积分过程如下:

$$v_i \leftarrow v_i + \frac{1}{2}\frac{1}{m}\left(F_i^C \delta t + F_i^D \delta t + F_i^R \sqrt{\delta t}\right)$$

$$r_i \leftarrow r_i + v_i \delta t$$

$$计算 F_i^C(r), \ F_i^D(r_i, \ v_i), \ F_i^R(r)$$

$$v_i \leftarrow v_i + \frac{1}{2}\frac{1}{m}\left(F_i^C \delta t + F_i^D \delta t + F_i^R \sqrt{\delta t}\right)$$

$$计算 F_i^D(r_i, \ v_i)$$

其中 δt 是积分步长。这个方法的优点在于速度快,不需要增加其他参数,缺点是稳定性比较差。

1997年,Groot和Warren[14]对上述DPD-VV方法进行了改进,形成了GW-VV方法。GW-VV方法的主要特点是考虑到耗散力对速度的依赖性,所以在积分过程中引入了一个可调参数 λ,首先用它预测一个新的粒子速度 v_i^0,然后用这个新速度去求算力的大小,最后对速度进行更新。GW-VV方法的基本过程如下所示:

$$v_i \leftarrow v_i + \frac{1}{2}\frac{1}{m}\left(F_i^C \delta t + F_i^D \delta t + F_i^R \sqrt{\delta t}\right)$$

$$v_i^0 \leftarrow v_i + \lambda\frac{1}{m}\left(F_i^C \delta t + F_i^D \delta t + F_i^R \sqrt{\delta t}\right)$$

$$r_i \leftarrow r_i + v_i \delta t$$

$$计算 F_i^C(r), \ F_i^D(r_i, \ v_i^0), \ F_i^R(r)$$

$$v_i \leftarrow v_i + \frac{1}{2}\frac{1}{m}\left(F_i^C \delta t + F_i^D \delta t + F_i^R \sqrt{\delta t}\right)$$

在模拟中,参数 λ 的数值一般设置为0.65。如果把这个值设成0.5,那么GW-VV算法又回归到velocity Verlet算法。

2.2.3 DPD方法与Flory-Huggins平均场理论的结合[14]

将DPD粒子之间的相互作用和一些与高分子混合物相关的理论

结合起来，目的是把真实体系中的原子和分子信息映射到DPD模拟中，使其得到的结果能够和真实流体的物理相图（性质）相吻合。方法之一是把DPD的结果和Flory-Huggins理论相比较，探讨这两种方法之间的内在联系。对于双组分体系，Flory-Huggins理论认为每个格子不被分子A占据就被分子B占据，每个格点上的自由能可写为：

$$\frac{F}{k_B T} = \frac{\phi_A}{N_A}\ln\phi_A + \frac{\phi_A}{N_B}\ln\phi_B + \chi\phi_A\phi_B \tag{2-43}$$

其中，N_A、N_B分别代表A、B分子的链段数，ϕ_A和ϕ_B分别代表A和B的体积分数，且$\phi_A + \phi_B = 1$。相互作用参数χ若大于零，则两相分离；若小于零，聚合物可相互混合。

在体系的自由能极小值处，有如下关系：

$$\chi N_A = \frac{\ln\dfrac{1-\phi_A}{\phi_A}}{1-2\phi_A} \tag{2-44}$$

在相分离的临界点，自由能的一阶和二阶偏微分皆为零，从而可得：

$$\chi^{\text{crit}} = \frac{1}{2}\left(\frac{1}{\sqrt{N_A}} + \frac{1}{\sqrt{N_B}}\right)^2 \tag{2-45}$$

对于DPD方法，单粒子DPD流体的自由能密度是密度的二次函数

$$\frac{f_V}{k_B T} = \rho\ln\rho - \rho + \frac{a\alpha\rho^2}{k_B T} \tag{2-46}$$

将上述结果扩展到双组分体系，可推导出：

$$\frac{f_V}{k_B T} = \frac{\rho_A}{N_A}\ln\rho_A + \frac{\rho_B}{N_B}\ln\rho_B - \frac{\rho_A}{N_A} - \frac{\rho_B}{N_B} + \frac{a\left(\alpha_{AA}\rho_A^2 + 2\alpha_{AB}\rho_A\rho_B + \alpha_{BB}\rho_B^2\right)}{k_B T}$$

$$\tag{2-47}$$

设 $\alpha_{AA} = \alpha_{BB}$ ，并且令总密度 $\rho_A + \rho_B = 1$ 为常数，则

$$\frac{f_V}{(\rho_A + \rho_B)k_B T} \approx \frac{x}{N_A}\ln x + \frac{1-x}{N_B}\ln(1-x) + \chi x(1-x) + \text{constants} \quad (2-48)$$

其中 $x = \rho_A/(\rho_A + \rho_B)$, $\chi = \dfrac{2a(\alpha_{AB} - \alpha_{AA})(\rho_A + \rho_B)}{k_B T}$。很明显，如果记 $f_V/(\rho_A + \rho_B) = F$，那么上面方程的形式与 Flory-Huggins 理论相似。如果相互作用参数 χ 符合上述关系，与排斥参数 $\alpha_{AB} - \alpha_{AA}$ 成比例，那么 DPD 流体的能量将与 Flory-Huggins 理论相符合。令 $\Delta\alpha = \alpha_{AB} - \alpha_{AA}$，Groot 和 Warren [14] 发现：

$$\left.\begin{array}{l}\chi = (0.286 \pm 0.002)\Delta\alpha \quad (\rho = 3) \\ \chi = (0.689 \pm 0.002)\Delta\alpha \quad (\rho = 5)\end{array}\right\} \quad (2-49)$$

2.2.4　由实验可测的性质拟合 DPD 的相互作用参数

在本节中介绍一种通过压缩系数、溶解度参数等实验可测的性质推导出 DPD 中的相互作用参数，从而将实际物质与 DPD 的抽象模型联系起来的方法[151]。

从每个 DPD 粒子所代表的水分子数 N_m 出发（其他分子或片段粗粒化成 DPD 粒子时，可根据其体积相对于水分子的体积得出相应的 N_m），得出长度单位 $r_c = 0.3107(\rho N_m)^{1/3}$ nm，然后通过与水的扩散系数的实验值进行对比，可以得到 DPD 的时间单位 $\tau = \dfrac{N_m D_{sim} r_c^{\,2}}{D_{water}} = 14.1 \pm 0.1 N_m^{5/3}$ ps。根据 $\dfrac{1}{k_B T}\left(\dfrac{\partial p}{\partial \rho}\right)_{simulation} = \dfrac{N_m}{k_B T}\left(\dfrac{\partial p}{\partial n}\right)_{experiment}$ 关系式，（ρ：DPD 模拟中的粒子数密度，n：实验中水分子的密度），可由水的实际压缩系数 κ_T 得到室温条件下水的无量纲压缩系数值：$\kappa^{-1} = \dfrac{1}{nk_B T\kappa_T} = \dfrac{1}{k_B T}\left(\dfrac{\partial p}{\partial n}\right)_T \approx 16$。而根据文献[14]，有 $p = \rho k_B T + \alpha a\rho^2$（$a = 0.101 \pm 0.001$），

则 $\dfrac{1}{k_B T}\left(\dfrac{\partial p}{\partial \rho}\right) = 1 + 2a\rho\dfrac{\alpha}{k_B T}$，令 $k_B T = 1$，即可得出相同 DPD 粒子间的相

互作用参数 $\alpha_{AA} = \dfrac{16 N_m - 1}{2a\rho}$。水与不同高分子间的相互作用参数 α_{AB} 可

由式（2-50）得出。

$$\left.\begin{array}{l} \mu^{I} = \mu^{II} = \dfrac{\ln\phi}{N} - \ln(1-\phi) + \chi(1-2\phi) \\[2mm] p^{I} = p^{II} = \dfrac{\phi}{N} - \ln(1-\phi) - \phi - \chi\phi^{2} \end{array}\right\} \qquad (2\text{-}50)$$

例如，利用水与一系列碳氢化合物构成的稀相和浓相的化学势 μ 和渗透压 p，根据式（2-50）匹配碳氢化合物的溶解度数据，从而可以得出水与此系列碳氢化合物相互作用的 χ 值，进而确定 $\Delta\alpha$ 值，则 $\alpha_{AB} = \alpha_{AA} + \Delta\alpha$，$\Delta\alpha$ 与 χ 的关系见文献 [14]。

综上所述，可以通过这种方法对真实的水与高分子化合物体系进行介观尺度的 DPD 模拟。2001 年，Groot 等成功地将其应用到对细胞膜的 DPD 模拟中 [151]。此外，还有一些方法可以把从 Reverse Monte Carlo 或平均场理论得到的势能引入粗粒化模型的 DPD 框架中 [152-153] 对体系进行大尺度模拟。

第3章 密度泛函理论在染料敏化太阳能电池研究中的应用

>>> 3.1 不同添加剂对二氧化钛纳米晶面的敏化作用机理

染料敏化太阳能电池（DSSC）作为典型的第三代太阳能电池，因为具有较高的光电转换效率、易于组装、原料丰富、成本较低等诸多优点，所以应用前景非常广泛，是当前能源技术领域的主要研究方向之一。目前，DSSC已经被商业产业化，应用于军事、汽车工业和可穿戴电池等多领域。

在DSSC中，添加剂扮演了重要角色。它能够影响DSSC的开路电压、电子注入效率和电子扩散系数，抑制染料在TiO_2表面上的聚集，减少电子复合。为了提高DSSC的性能，优化组分配方，深入理解电池内部复杂的相互作用和工作机理，在前人工作的基础上，选取了若干种实验中常用的典型添加剂作为研究对象，采用密度泛函理论（DFT）方法对它们敏化TiO_2纳米晶的效果和微观本质进行了详细的研究。DFT是研究多电子体系电子结构非常有效的量子化学方法，是针对大体系最常用的计算方法之一，能够保障数据的可靠性和较高的计算效率。

3.1.1 计算方法和模型构建

关于密度泛函理论的原理部分可以参考本书2.1.1节。

本章节采用$DMol^3$模块完成对五种添加剂分子敏化TiO_2纳米晶的DFT计算。在$DMol^3$中，波函数是根据精确的数值基组进行扩展的[154-156]。

选择广义梯度近似GGA中的PBE方法处理交换相关泛函[123]，采用增加了极化函数的双数值基组（double-numeric quality basis set with polarization functions，DNP）进行计算，该基组的大小与Gaussian 6-31G**基组相当[157]。所有添加剂–TiO$_2$的吸附构型均经过严格的几何优化，以它们各自的能量最低点对应的吸附构型作为最稳定结构，在此基础上进行性质分析。结构优化的收敛标准分别为能量1×10^{-5} hartree，力2×10^{-2} hartree/nm，位移5×10^{-4} nm。为了研究溶剂效应，选用类导体屏蔽模型（conductor-like screening model，COS-MO）模拟乙腈溶剂环境，该模型是一种简化的连续溶剂化模型[158]，已被广泛应用于各种周期性与非周期性体系的研究中[159-160]。

为了反映出添加剂的多样性和复杂性，选择了五种常见但分子结构存在明显差异的添加剂Guanidinium thiocyanate（GNCS），3-Me-thoxypropionitrile（MPN），N–Butylbenzimidazole（NBB），N–Methyl-benzimidazole（NMB）和4-tert-butylpyridine（TBP）作为研究对象，如图3-1所示。所有纳米晶TiO$_2$基底均含有36个Ti原子和72个O原子，据报道这种Z轴方向上拥有2~3层厚度和2 nm真空层的TiO$_2$超晶

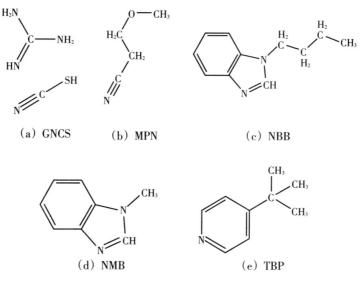

（a）GNCS　　　（b）MPN　　　（c）NBB

（d）NMB　　　　（e）TBP

图3-1　五种添加剂的分子结构示意图

胞在研究类似吸附体系时具有良好的表现[161]。对于布里渊区的采样，TiO_2锐钛矿（101）、（100）和（001）表面分别采用k点$6 \times 5 \times 1$、$5 \times 6 \times 1$和$5 \times 5 \times 1$。三种表面最上层的原子包括2配位的O_{2c}、3配位的O_{3c}和5配位的Ti_{5c}，对于（101）表面，还有6配位的Ti_{6c}原子。应该注意的是，对于商业锐钛矿纳米粉末以及实验制备的半导体电极，实际上已经发现了二氧化钛的多种表面，并且其性质通常是所有特定表面的平均值。不过，（101）、（100）和（001）表面是锐钛矿中重要的主结晶面。根据表面能值，（101）表面应该是含量最大、最稳定的晶面，其次是（100）和（001）。一方面，大多数可用的锐钛矿TiO_2电极由具有高热力学稳定性和敏化效率的（101）表面主导。另一方面，（001）表面在锐钛矿纳米颗粒的反应性中起着关键作用。因此，针对添加剂-锐钛矿吸附体系，选择的纳米晶TiO_2模型可以给出合理且可靠的结论。

另外，利用Gaussian 09程序在PBEPBE/6-31+G**理论水平上计算了体系的偶极矩。采用积分方程极化连续介质模型（integral equation formalism variant polarizable continuum model，IEFPCM）[162]模拟乙腈的溶剂效应。

3.1.2 结果和讨论

图3-2、图3-3和图3-4展示了在真空环境中，经过几何优化得到的所有添加剂-TiO_2吸附系统的最佳构型。在乙腈溶剂中也发现了类似的稳定结构，但存在一些细微的差异，例如化学吸附键和氢键的长度略有不同。从图中可以看出，这些添加剂的有效吸附位点主要是不饱和N原子。而GNCS还有另外两个活性位点，S和C原子。因此，对于添加剂MPN、NBB、NMB以及TBP来说，它们在TiO_2表面上通过一个N—Ti_{5c}键和氢键形成了单齿吸附。其中，NBB和NMB属于同一类化合物，只是烷基不同，因此它们的吸附行为更相似。而GNCS在TiO_2的（101）和（100）表面上发生双齿吸附（N&N），在（001）表面上更是存在四齿吸附（N&C&S&N）模式。这些特殊的多齿吸附模式

有利于添加剂与表面之间的相互作用最大化，尤其是在吸附后产生了（001）表面缺陷。这是因为锐钛矿（001）表面是研究的三个表面中最具活性和反应性的，因此是最不稳定和最容易重建的。

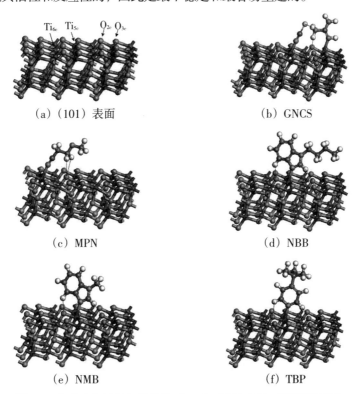

（a）（101）表面　　　　　　　　　　（b）GNCS

（c）MPN　　　　　　　　　　　　　（d）NBB

（e）NMB　　　　　　　　　　　　　（f）TBP

图3-2　真空中经过几何优化的（101）表面和添加剂的吸附情况

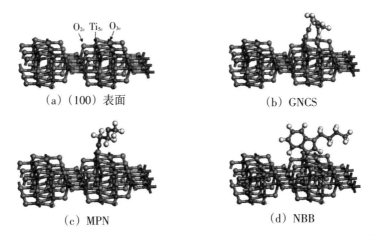

（a）（100）表面　　　　　　　　　　（b）GNCS

（c）MPN　　　　　　　　　　　　　（d）NBB

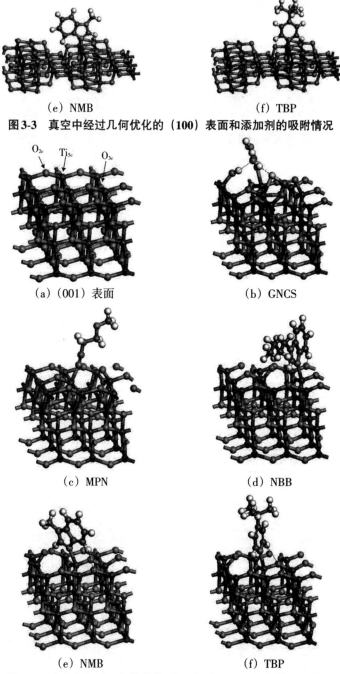

（e）NMB （f）TBP

图3-3 真空中经过几何优化的（100）表面和添加剂的吸附情况

（a）（001）表面 （b）GNCS

（c）MPN （d）NBB

（e）NMB （f）TBP

图3-4 真空中经过几何优化的（001）表面和添加剂的吸附情况

3.1.2.1　分子轨道分析

为了分析添加剂和 TiO_2 之间的相互作用以及电子的分布和转移，对比了五种添加剂吸附在 TiO_2 表面前后体系的轨道分布变化，包括最低未占据分子轨道（lowest unoccupied molecular orbital，LUMO）、最高占据分子轨道（highest occupied molecular orbital，HOMO）、HOMO-1 和 HOMO-2。图 3-5 至图 3-7 和图 3-8 至图 3-10 分别展示了在真空和乙腈溶剂中裸露的和添加剂敏化的 TiO_2 表面的轨道分布情况。

如图 3-5 所示，很明显，在真空环境中添加剂的贡献主要集中在这些添加剂-TiO_2（101）表面体系的占据分子轨道，而不是未占据分子轨道。其中，GNCS、NBB 或 NMB 的加入改变了 HOMO 和 HOMO-1 的分布，而 MPN 或 TBP 的吸附主要影响 HOMO。而 HOMO-2 和 LUMO 显然来源于 TiO_2 基底的贡献。这是因为添加剂的 2s 和 2p 轨道参与了上层占据分子轨道的一部分，但是在 LUMO 能级上没有显示出与表面态的耦合，而 LUMO 能级包含来自 Ti3d 轨道的显著贡献。而且，图 3-5 清晰地指出了每个添加剂的不同结构片段对系统（a）至（f）的占据轨道的贡献。图 3-5（b）描述了 GNCS 通过两个化学活性位点（N 原子）在 TiO_2（101）表面上发生特殊的双齿吸附，不同于其他添加剂的单齿吸附。不过，对 HOMO 和 HOMO-1 的贡献来自硫氰酸（N＝C＝S）结构片段，而不是胍基。MPN 具有相对简单的分子结构，仅通过 C—O—C 结构而非吸附位点来影响系统（c）的 HOMO 分布。对比系统（d）（e），NBB 和 NMB 的吸附构型和分子轨道分布看起来很相似，这归因于它们具有同源分子结构。HOMO 和 HOMO-1 完全位于添加剂 NBB 和 NMB 的共轭五元环和六元环上，而饱和烷基几乎没有贡献。图 3-5（f）显示了 HOMO 分布在 TBP 的六元环上。对 HOMO-1 的贡献则分为两部分，即大部分来自 TiO_2，少部分来自 TBP。总之，添加剂的共轭和超共轭结构由于分子吸附从而影响了 TiO_2（101）基底的电子结构。

通过比较真空和乙腈环境中的计算结果（见图 3-5 与图 3-8），可以发现溶剂效应在增强添加剂吸附对添加剂–TiO₂（101）表面体系的占据轨道分布的贡献方面发挥着重要作用。例如，在乙腈中体系 GNCS–TiO₂（101）的 HOMO–2 分布从 TiO₂ 完全转移到 GNCS 的胍结构，而 HOMO 和 HOMO–1 仍然位于硫氰酸结构。因此，该吸附体系的上层占据分子轨道（HOMO、HOMO–1、HOMO–2）全部由 GNCS 贡献。乙腈同样使得体系 TBP–TiO₂（101）的 HOMO–1 分布从 TiO₂ 转移到整个 TBP 分子上，此时 HOMO–2 的大部分也来源于 TBP。

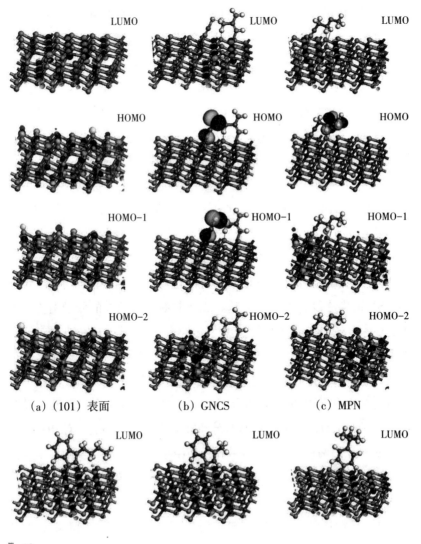

(a)（101）表面　　　　(b) GNCS　　　　(c) MPN

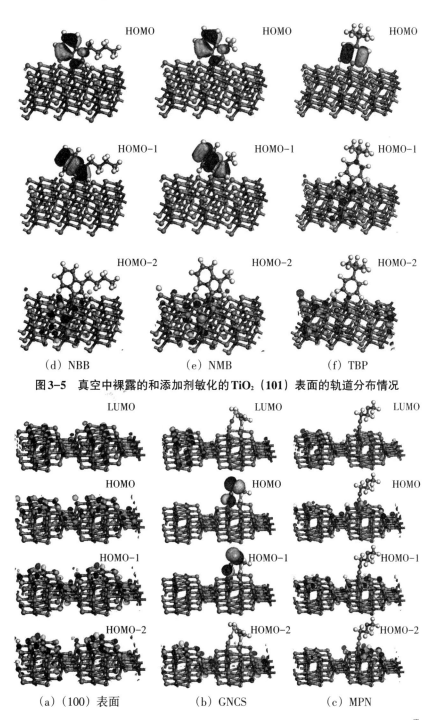

（d）NBB　　　　　（e）NMB　　　　　（f）TBP

图3-5　真空中裸露的和添加剂敏化的TiO₂（101）表面的轨道分布情况

（a）（100）表面　　　　（b）GNCS　　　　（c）MPN

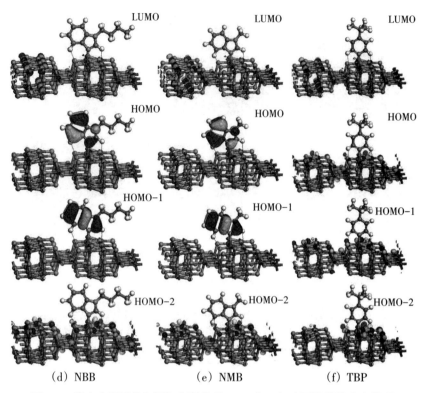

（d）NBB　　　　　　　（e）NMB　　　　　　　（f）TBP

图3-6　真空中裸露的和添加剂敏化的TiO₂（100）表面的轨道分布情况

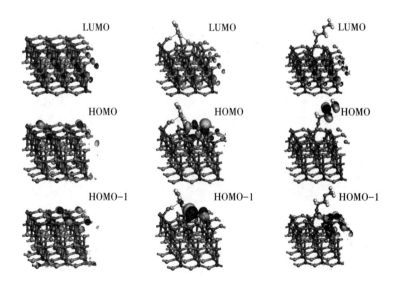

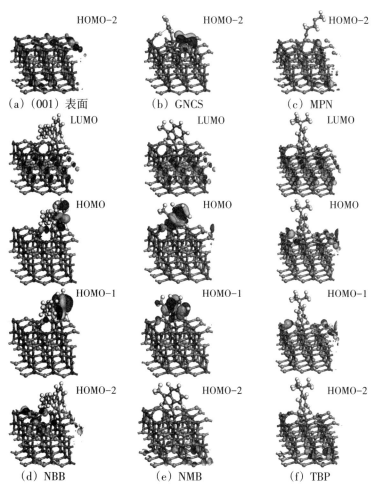

图3-7 真空中裸露的和添加剂敏化的 TiO_2（001）表面的轨道分布情况

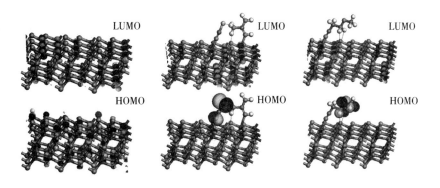

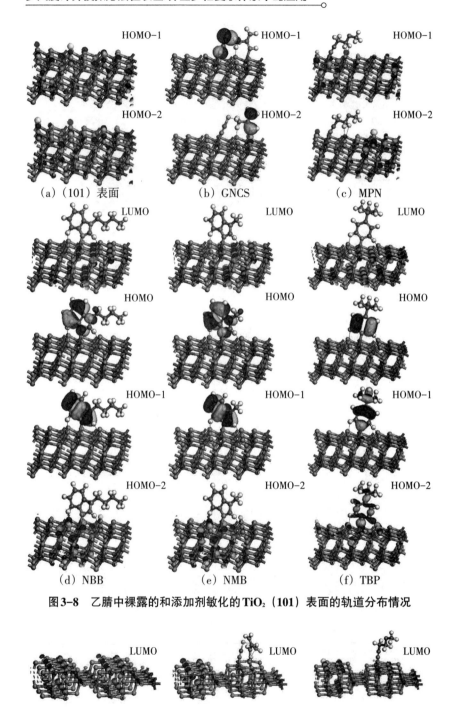

图3-8 乙腈中裸露的和添加剂敏化的 TiO₂（101）表面的轨道分布情况

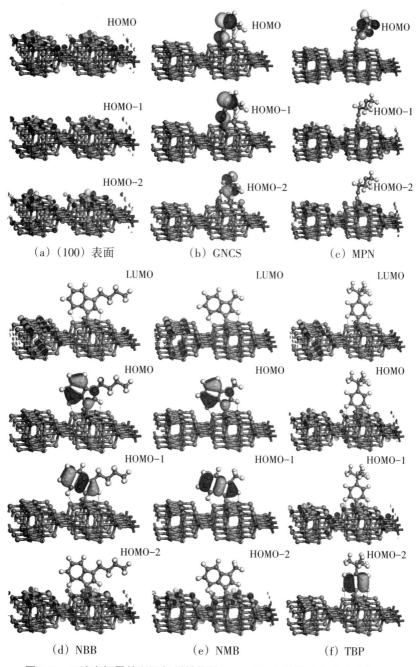

（a）（100）表面　　　（b）GNCS　　　（c）MPN

（d）NBB　　　（e）NMB　　　（f）TBP

图3-9　乙腈中裸露的和添加剂敏化的 TiO_2（100）表面的轨道分布情况

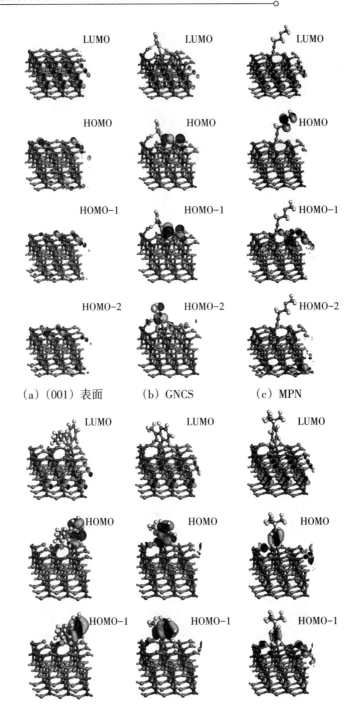

（a）（001）表面　　　（b）GNCS　　　（c）MPN

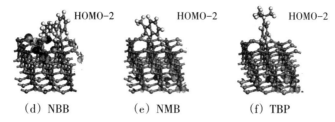

（d）NBB　　　　（e）NMB　　　　（f）TBP

图3-10　乙腈中裸露的和添加剂敏化的 TiO$_2$（001）表面的轨道分布情况

　　表3-1至表3-3列出了在真空和乙腈环境中所有研究体系的前线轨道能量和变化值，其中能隙 $E_{LUMO-HOMO}$ 为 E_{LUMO} 和 E_{HOMO} 的差值，$E_{\Delta(LUMO-HOMO)}$ 表示由于添加剂的吸附引起的能隙 $E_{LUMO-HOMO}$ 变化。

表3-1　真空和乙腈中裸露的和添加剂敏化的 TiO$_2$（101）表面的前线轨道能量

添加剂	E_{HOMO} /Ha	E_{LUMO} /Ha	$E_{LUMO-HOMO}$ /Ha	$E_{LUMO-HOMO}$ /eV	$E_{\Delta(LUMO-HOMO)}$ /eV
真空					
裸露的	−0.301312	−0.198137	0.103175	2.807	
GNCS	−0.243419	−0.187557	0.055862	1.520	−1.287
MPN	−0.253376	−0.189640	0.063736	1.734	−1.073
NBB	−0.243394	−0.187500	0.055894	1.521	−1.286
NMB	−0.245243	−0.186783	0.058460	1.591	−1.216
TBP	−0.278239	−0.187230	0.091009	2.476	−0.331
乙腈					
裸露的	−0.296511	−0.193682	0.102829	2.798	
GNCS	−0.244757	−0.191100	0.053657	1.460	−1.338
MPN	−0.241756	−0.191076	0.050680	1.379	−1.419
NBB	−0.239690	−0.191296	0.048394	1.317	−1.481
NMB	−0.239989	−0.190293	0.049696	1.352	−1.446
TBP	−0.271477	−0.191267	0.080210	2.183	−0.615

表3-2 真空和乙腈中裸露的和添加剂敏化的 TiO₂（100）表面的前线轨道能量

添加剂	E_{HOMO}/Ha	E_{LUMO}/Ha	$E_{LUMO-HOMO}$/Ha	$E_{LUMO-HOMO}$/eV	$E_{\Delta(LUMO-HOMO)}$/eV
真空					
裸露的	−0.273828	−0.196994	0.076834	2.091	
GNCS	−0.249286	−0.190396	0.058890	1.602	−0.489
MPN	−0.263863	−0.186910	0.076953	2.094	0.003
NBB	−0.250056	−0.185590	0.064466	1.754	−0.337
NMB	−0.250481	−0.185369	0.065112	1.772	−0.319
TBP	−0.263488	−0.186249	0.077239	2.102	0.011
乙腈					
裸露的	−0.279467	−0.201904	0.077563	2.110	
GNCS	−0.246502	−0.197819	0.048683	1.325	−0.785
MPN	−0.243252	−0.199366	0.043886	1.194	−0.916
NBB	−0.244472	−0.198753	0.045719	1.244	−0.866
NMB	−0.243712	−0.198209	0.045503	1.238	−0.872
TBP	−0.276983	−0.199120	0.077863	2.119	0.009

表3-3 真空和乙腈中裸露的和添加剂敏化的 TiO₂（001）表面的前线轨道能量

添加剂	E_{HOMO}/Ha	E_{LUMO}/Ha	$E_{LUMO-HOMO}$/Ha	$E_{LUMO-HOMO}$/eV	$E_{\Delta(LUMO-HOMO)}$/eV
真空					
裸露的	−0.258869	−0.199086	0.059783	1.627	
GNCS	−0.241104	−0.191063	0.050041	1.362	−0.265
MPN	−0.263305	−0.181530	0.081775	2.225	0.598
NBB	−0.247884	−0.186230	0.061654	1.678	0.051
NMB	−0.247604	−0.187265	0.060339	1.642	0.015
TBP	−0.266573	−0.182604	0.083969	2.285	0.658
乙腈					
裸露的	−0.260227	−0.199153	0.061074	1.662	
GNCS	−0.251086	−0.192967	0.058119	1.581	−0.081
MPN	−0.249163	−0.188030	0.061133	1.663	0.001
NBB	−0.248220	−0.192112	0.056108	1.527	−0.135
NMB	−0.249121	−0.192658	0.056463	1.536	−0.126
TBP	−0.272460	−0.188970	0.083490	2.272	0.610

表3-1表明添加剂分子的吸附可以影响裸露TiO$_2$（101）基底的HOMO和LUMO能量，并使它们同时增加，即使LUMO并不分布在添加剂分子上，如图3-5所示。很明显，HOMO能量的增量都大于相应LUMO能量的增量，导致每个添加剂敏化系统的能隙$E_{LUMO-HOMO}$都小于TiO$_2$（101）基底的能隙，因此$E_{\Delta\,(LUMO-HOMO)}$ < 0。注意到这些敏化系统的LUMO能量彼此相近，因此HOMO能量的增量越大会导致$E_{LUMO-HOMO}$和$E_{\Delta\,(LUMO-HOMO)}$越小。五种添加剂敏化系统的$E_{\Delta\,(LUMO-HOMO)}$顺序为GNCS < NBB、NMB < MPN < TBP。乙腈的溶剂效应进一步减小了这些敏化系统的能隙$E_{LUMO-HOMO}$，直接导致相应的$E_{\Delta\,(LUMO-HOMO)}$大幅度减小，这与上面的定性分析得到的结论一致。

表3-4总结了在真空和乙腈中裸露的和添加剂敏化的TiO$_2$表面的费米能量（E_{Fermi}）及其变化量（$E_{\Delta Fermi}$）。通过比较表3-1和表3-4，发现五种添加剂敏化TiO$_2$（101）系统的$E_{\Delta\,(LUMO-HOMO)}$和相应的$E_{\Delta Fermi}$之间都存在着很明确的相关性，即$E_{\Delta\,(LUMO-HOMO)}$越小，对应的$E_{\Delta Fermi}$越大。这种相关性与外界环境条件无关，无论是在真空还是乙腈溶剂中都成立。敏化系统的费米能量正移幅度越大引起电位负移幅度也越大，这是很理想的结果，有利于提高染料敏化太阳能电池的开路电压。综上所述，这些添加剂在TiO$_2$（101）表面上的吸附能够使体系获得更小的$E_{\Delta\,(LUMO-HOMO)}$和更大的$E_{\Delta Fermi}$，满足了对改善染料敏化太阳能电池性能的期望。

表3-4　真空和乙腈中裸露的和添加剂敏化的TiO$_2$表面的费米能量（E_{Fermi}）及其变化量（$E_{\Delta Fermi}$）

添加剂	TiO$_2$(101)表面		TiO$_2$(100)表面		TiO$_2$(001)表面	
	E_{Fermi}/eV	$E_{\Delta Fermi}$/eV	E_{Fermi}/eV	$E_{\Delta Fermi}$/eV	E_{Fermi}/eV	$E_{\Delta Fermi}$/eV
真空						
裸露的	−7.448		−5.936		−6.261	
GNCS	−5.963	1.485	−6.128	−0.192	−5.820	0.441
MPN	−6.233	1.215	−6.512	−0.576	−6.469	−0.208

表3-4（续）

添加剂	TiO₂(101)表面		TiO₂(100)表面		TiO₂(001)表面	
	E_{Fermi}/eV	$E_{\Delta Fermi}/eV$	E_{Fermi}/eV	$E_{\Delta Fermi}/eV$	E_{Fermi}/eV	$E_{\Delta Fermi}/eV$
NBB	−5.970	1.478	−6.145	−0.209	−6.102	0.159
NMB	−6.021	1.427	−6.156	−0.220	−6.096	0.165
TBP	−6.914	0.534	−6.553	−0.617	−6.506	−0.245
乙腈						
裸露的	−7.319		−6.072		−6.298	
GNCS	−6.002	1.317	−6.056	0.016	−6.119	0.179
MPN	−5.922	1.397	−5.996	0.076	−6.119	0.179
NBB	−5.879	1.440	−6.010	0.062	−6.113	0.185
NMB	−5.883	1.436	−5.991	0.081	−6.112	0.186
TBP	−6.727	0.592	−6.865	−0.793	−6.695	−0.397

　　将图3-6和图3-5作比较，可以看到在真空中NBB、NMB或GNCS敏化TiO₂（100）表面的吸附构型和轨道分布的图像与它们吸附在TiO₂（101）表面上的图像相似。唯一的区别是对于GNCS-TiO₂（100）体系，一个氢原子从GNCS分子中解离出来并转移到TiO₂（100）表面吸附位点附近的一个O₂c原子上，从而形成了稳定的双齿和解离吸附模式。轨道方面，这三种添加剂的贡献集中在占据分子轨道HOMO和HOMO-1，而LUMO和HOMO-2位于TiO₂基底。添加剂分子的共轭结构再一次被证实是影响TiO₂（100）表面电子结构的主要因素，如NBB（NMB）的苯并咪唑共轭环和GNCS的硫氰酸结构。另外，应该注意到尽管MPN和TBP在TiO₂（100）表面上发生了单齿吸附，但是它们对敏化系统MPN-TiO₂（100）和TBP-TiO₂（100）的前线轨道并没有作出贡献。通过对比图3-9和图3-6，可以分析乙腈溶剂效应对这些敏化系统的分子轨道分布的影响。添加剂的贡献仍然局限于占据分子轨道，但是被乙腈增强了，特别是对于MPN和GNCS。例如，在图3-9（c）中HOMO出现在MPN的超共轭C—O—C结构中；在图3-9（b）中HOMO-2分布从TiO₂转移到GNCS的脒基结构，与在乙腈中的GNCS-TiO₂（101）体系现象相同。

此外，针对在真空和乙腈中裸露的和添加剂敏化的 TiO_2（100）表面，表3-2中给出的前线轨道能量的定量趋势与上述对轨道分布图像的定性分析非常一致。其中，GNCS、NBB 和 NMB 的吸附可以导致 $E_{\text{LUMO-HOMO}}$ 减小，$E_{\Delta\text{(LUMO-HOMO)}} < 0$。这是因为它们的 E_{LUMO} 和 E_{HOMO} 同时增加，并且前者的增量小于后者的增量。不过，这里 $E_{\Delta\text{(LUMO-HOMO)}}$ 的数值比表3-1中添加剂敏化 TiO_2（101）表面的相应结果大很多。相反地，对于 MPN-TiO_2（100）和 TBP-TiO_2（100）体系，它们具有更大的 $E_{\text{LUMO-HOMO}}$ 且 $E_{\Delta\text{(LUMO-HOMO)}} > 0$，因为 E_{HOMO} 的增量小于 E_{LUMO} 的增量，这再次证明了 MPN 和 TBP 对前线轨道的贡献很小。总的来说，五种添加剂敏化系统的 $E_{\Delta\text{(LUMO-HOMO)}}$ 顺序为 GNCS < NBB、NMB < MPN < TBP，与前面对添加剂-TiO_2（101）体系的分析结果相同。除了 TBP-TiO_2 体系以外，乙腈的溶剂效应能够大幅度地减小敏化系统的 $E_{\text{LUMO-HOMO}}$ 能隙，导致 $E_{\Delta\text{(LUMO-HOMO)}}$ 变得更小。特别是对于 MPN-TiO_2 体系，乙腈溶剂环境使得 HOMO 出现在 MPN 分子上，直接导致体系的 $E_{\Delta\text{(LUMO-HOMO)}}$ 由正值变成负值。但是对于 TBP-TiO_2 体系，乙腈的加入并没有改善 TBP 对 TiO_2（100）表面的敏化效果，尽管 HOMO-2 由 TiO_2（100）表面转移到了 TBP 分子的吡啶结构上。

结合表3-2和表3-4，发现在真空中添加剂-TiO_2（100）体系相对于裸露的（100）表面，所有费米能量均减小，因此 $E_{\Delta\text{Fermi}}$ 都为负值，且顺序为 TBP < MPN < NBB、NMB < GNCS。此外，从添加剂-TiO_2（101）体系中得出的结论，即 $E_{\Delta\text{(LUMO-HOMO)}}$ 和 $E_{\Delta\text{Fermi}}$ 存在着明确的负相关，在添加剂-TiO_2（100）体系中依然适用。应该注意到这类敏化体系的 $E_{\Delta\text{Fermi}}$ 出现负值不利于提升染料敏化太阳能电池的开路电压，但是计算结果表明除了 TBP-TiO_2（100）体系，加入乙腈溶剂确实能够显著地增大其他体系的 $E_{\Delta\text{Fermi}}$，数值由负值转变为正值。尽管如此，这些添加剂对 TiO_2（100）的敏化效果远不及对 TiO_2（101）的敏化效果。

比较图3-5、图3-6和图3-7可以发现，在真空中，添加剂-TiO_2（001）体系与其他两类表面吸附体系在吸附构型和轨道分布方面既有相似性又存在一定的差异性。添加剂的贡献也集中在占据分子轨道，而不是未占据分子轨道，但它们的轨道分布图像是多种多样的。例如，图3-7（b）显示GNCS在TiO₂（001）表面上呈现出非常独特的四齿和解离吸附模式，与其在（101）和（100）表面上的吸附构型完全不同。而且，该体系的HOMO、HOMO-1和HOMO-2都来源于几乎平行于表面吸附的硫氰酸部分。MPN的超共轭C—O—C显然是贡献HOMO的有效结构。图3-7（d）（e）显示NBB和NMB表现出几乎相同的行为，都是通过单齿吸附使HOMO和HOMO-1位于共轭五元环和六元环。这些再次证明了添加剂分子的共轭结构在影响TiO₂（001）基底的电子结构方面起主要作用。尽管存在单齿吸附，但是TBP吸附对前线轨道的贡献很小。注意到了一个特别的现象，即由于添加剂分子吸附引起的（001）表面缺陷附近的原子也会对上层占据分子轨道有少量贡献。基于前面的讨论，认为乙腈溶剂也可以增强添加剂对TiO₂（001）敏化系统占据分子轨道的贡献，通过对比图3-7和图3-10中的轨道分布可以直观地看到溶剂效应带来的影响。例如，图3-10（b）显示HOMO-2分布从GNCS的硫氰酸片段转移到胍基片段。图3-10（f）中HOMO和HOMO-1的一部分新出现在TBP分子的吡啶共轭环上。

如表3-3所示，在真空中添加剂-TiO₂（001）体系的前线轨道能量具有更加复杂的趋势。与裸露的（001）表面相比较，GNCS-TiO₂（001）体系的E_{HOMO}比E_{LUMO}增加得更多，导致$E_{LUMO-HOMO}$较小；相反地，NBB-TiO₂（001）和NMB-TiO₂（001）体系各自的E_{LUMO}比E_{HOMO}增加得更多，所以$E_{LUMO-HOMO}$都增大；MPN和TBP的吸附导致体系的E_{HOMO}减小而E_{LUMO}增加，这无疑使MPN-TiO₂（001）和TBP-TiO₂（001）体系具有相对更大的$E_{LUMO-HOMO}$。因此，添加剂-TiO₂（001）体系的$E_{\Delta(LUMO-HOMO)}$顺序为GNCS < NBB、NMB < MPN < TBP，与五种添加剂敏化TiO₂（101）和TiO₂（100）表面得到的结论相同。乙腈溶剂可以在不同程度上增强添加剂对TiO₂（001）表面的敏化作用。比较乙腈和真空条件下的计算结果，发现随着HOMO-2的位置从GNCS的硫

氰酸片段转移至胍基片段，GNCS-TiO$_2$（001）体系的 $E_{LUMO-HOMO}$ 和 $E_{\Delta (LUMO-HOMO)}$ 均增大，这表明胍基的敏化效果稍差一些。此外，乙腈有助于改善MPN对TiO$_2$（001）表面的敏化效果，这归因于乙腈可以使MPN-TiO$_2$（001）体系的 $E_{LUMO-HOMO}$ 和 $E_{\Delta (LUMO-HOMO)}$ 变化最大，对于另外两种表面也是如此。不过，乙腈对TBP基本上是无效的，因为加入乙腈后TBP-TiO$_2$（001）体系的 $E_{\Delta (LUMO-HOMO)}$ 变化非常小，与TBP-TiO$_2$（100）体系中的情况相同。因此，MPN对乙腈溶剂环境最敏感，而TBP对乙腈溶剂环境最不敏感。

结合表3-3和表3-4中的数据，发现 $E_{\Delta (LUMO-HOMO)}$ 和 $E_{\Delta Fermi}$ 之间的负相关性仍然适用于添加剂-TiO$_2$（001）体系，$E_{\Delta Fermi}$ 的顺序为TBP < MPN < NBB、NMB < GNCS，而 $E_{\Delta (LUMO-HOMO)}$ 的顺序正相反。MPN-TiO$_2$（001）和TBP-TiO$_2$（001）体系的 $E_{\Delta Fermi}$ 为负值，可能会降低染料敏化太阳能电池的开路电压。尽管其他三种添加剂吸附在TiO$_2$（001）表面上能够使 $E_{\Delta Fermi}$ 为正值，有利于提高开路电压，但是也比它们对TiO$_2$（101）表面的敏化效果差很多。乙腈溶剂效应促使MPN-TiO$_2$（001）体系的 $E_{\Delta Fermi}$ 发生很大变化，由负值转变为正值，但是对TBP-TiO$_2$（001）体系无效，因为其 $E_{\Delta Fermi}$ 减小。

综上所述，无论在真空还是乙腈中，对于每一种添加剂吸附在不同表面上，添加剂-TiO$_2$ 敏化系统 $E_{\Delta (LUMO-HOMO)}$ 的顺序为TiO$_2$（101）< TiO$_2$（100）< TiO$_2$（001），与表面稳定性的顺序正好相反；$E_{\Delta Fermi}$ 的顺序为TiO$_2$（100）< TiO$_2$（001）< TiO$_2$（101）。

3.1.2.2　偶极矩分析

在本节中，试图通过定量地分析两个特征物理量，即分子偶极矩（μ）和添加剂的核电荷中心到TiO$_2$表面顶层的距离（R），将费米能量的变化与添加剂的分子活性和吸附构型联系起来。前者对于测量由不同原子上正负电荷的不均匀分布引起的分子极性很重要，后者能够从另一个角度描述吸附构型。显然，R 的大、小分别对应添加剂分子在TiO$_2$表面上近似的垂直和俯卧吸附。然而，R 只能部分地表征添加剂分子的吸附强度，因为必须考虑另一个重要的因素——氢键。

表3-5　在真空和乙腈中添加剂稳定吸附构型的总偶极矩μ、偶极矩沿表面法线
方向的分量μ_i以及核电荷中心到表面顶层的距离R

添加剂	TiO₂（101）表面			TiO₂（100）表面			TiO₂（001）表面		
	μ	μ_i	R	μ	μ_i	R	μ	μ_i	R
真空									
GNCS	12.879	6.306	0.7194	7.886	1.269	0.5152	9.741	4.992	0.3464
MPN	3.725	2.985	0.8904	3.711	2.998	0.7261	4.018	2.786	0.5580
NBB	4.245	3.783	0.8798	4.204	3.140	0.6792	4.591	3.238	0.4554
NMB	3.825	3.549	0.8414	3.846	3.433	0.6630	4.321	3.771	0.4381
TBP	3.120	3.013	0.9582	2.997	2.974	0.7793	3.288	3.279	0.5653
乙腈									
GNCS	17.417	9.199	0.7246	20.654	1.278	0.5228	22.571	8.369	0.3350
MPN	4.440	3.491	0.8896	4.399	3.515	0.7289	5.084	4.193	0.5627
NBB	5.769	5.290	0.8851	5.745	4.539	0.6792	6.205	4.377	0.4556
NMB	5.406	5.083	0.8372	5.462	4.926	0.6601	5.718	4.645	0.4447
TBP	4.231	4.091	0.9583	4.085	4.056	0.7787	4.462	4.455	0.5651

注：μ/μ_i和R的单位分别是Debye和nm。

表3-5中列出了在真空和乙腈中添加剂稳定吸附构型的总偶极矩μ、偶极矩沿表面法线方向的分量μ_i以及核电荷中心到表面顶层的距离R。计算结果表明，在真空中五种添加剂吸附到任一表面上μ值的顺序都为TBP < MPN < NBB、NMB < GNCS，这与分子轨道讨论部分得到的$E_{\Delta Fermi}$趋势相同。因此，研究的添加剂-TiO₂系统中μ与$E_{\Delta Fermi}$之间存在正相关。据文献报道，沿表面法线方向且指向远离表面的偶极矩分量越大，费米能级的负移程度也越大，这主要是因为参考文献中添加剂的分子结构相似且都处于接近垂直的吸附构型[67-68]。而研究的添加剂属于四个不同的系列，具有完全不同的分子结构，导致它们具有不同的吸附模式、构型以及倾斜角。特别是当被吸附的添加剂处于俯卧状态时，平行于表面的偶极矩分量的影响不容忽视。因此，使用总偶极矩作为衡量添加剂敏化性能的工具，对研究DSSC

中各种各样的添加剂更适合。而且，无论在真空还是乙腈中，不同系列的添加剂吸附在任一种表面上，都有 R 的顺序恰好与总偶极矩 μ 的顺序正相反。

例如，GNCS分子包含硫氰酸和胍基两个部分，具有四个潜在的吸附位点。它在 TiO_2（101）表面和 TiO_2（100）表面上呈现双齿吸附，而在 TiO_2（001）表面上呈现非常特殊的四齿吸附，这是由于硫氰酸部分以平行表面的角度吸附。由表3-5可以看出，GNCS-TiO_2体系在三种表面上都具有最小的 R 和最大的 μ，平行于表面的偶极矩分量对 μ 的贡献也很大，进一步影响了GNCS的敏化性能。因此，根据上文提到的相关性，在真空中GNCS-TiO_2体系应具有最大的 $E_{\Delta Fermi}$，表3-4中的数据也证明了这一点。尽管在真空中MPN、NBB、NMB和TBP以不同的倾斜角度呈现出单齿吸附，但是也遵循相同的规律，即更大的 μ 和更小的 R 会导致更大的 $E_{\Delta Fermi}$，这与表面的类型无关。因此，应该综合考虑不同添加剂的分子结构、吸附的倾斜角度、垂直和平行于表面的偶极矩分量，是它们共同影响了纳米晶 TiO_2 的电子结构。

通过比较，发现乙腈溶剂的加入显著地增大了 μ 和 μ_i，但对 R 的影响甚微。因此，偶极矩对极性溶剂环境更敏感。在乙腈中，添加剂-TiO_2体系的总偶极矩 μ 的顺序为 TBP < MPN < NBB、NMB < GNCS，R 的顺序则正相反，这些规律与真空中的一致。因此，认为添加剂敏化系统在乙腈中也应具有更大的 μ 和更小的 R 且同样会导致更大的 $E_{\Delta Fermi}$。然而这并不十分准确，因为GNCS在乙腈中的敏化效果并不如在真空中那样好。推测这可能与GNCS分子由硫氰酸和胍基两部分组成的特殊结构有关。在乙腈极性溶剂中，系统内存在更加复杂的GNCS分子内相互作用和GNCS-TiO_2分子间相互作用的竞争关系，这使得轨道分布变化很大。综上所述，乙腈对不同添加剂敏化性能的影响具有多样性，即对MPN，NBB，NMB的影响较好，对GNCS的影响一般，对TBP的影响最差。这一结论也与3.1.2.1节中对分子轨道的分析结果一致。因此，应该选择合适的溶剂与其他组分相匹配，才能对DSSC的性能产生积极的影响。

3.1.2.3 功函数分析

在本节中，试图从定性和定量的角度将费米能量的变化量 $E_{\Delta Fermi}$ 与添加剂-TiO$_2$ 体系的静电势和功函数联系起来。实验上可以通过紫外光电子能谱和开尔文探针测量确定材料的功函数值。图3-11至图3-16中展示的功函数是通过静电势作为沿着表面法线方向上位置的函数计算得到的。

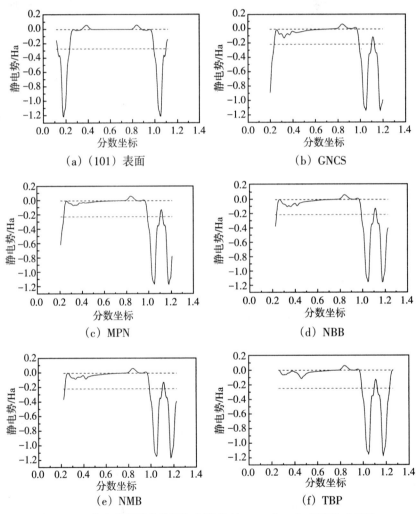

(a)（101）表面　　　　　　　　(b) GNCS

(c) MPN　　　　　　　　(d) NBB

(e) NMB　　　　　　　　(f) TBP

图3-11　真空中裸露的和添加剂敏化的 TiO$_2$（101）表面的功函数

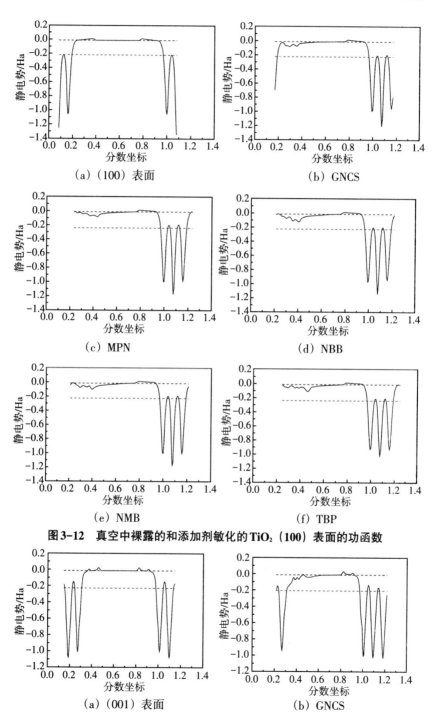

（a）（100）表面

（b）GNCS

（c）MPN

（d）NBB

（e）NMB

（f）TBP

图3-12 真空中裸露的和添加剂敏化的TiO₂（100）表面的功函数

（a）（001）表面

（b）GNCS

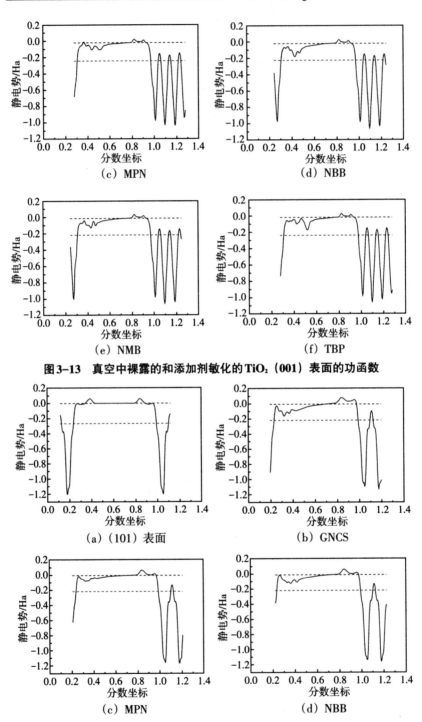

图3-13　真空中裸露的和添加剂敏化的TiO₂（001）表面的功函数

（c）MPN

（d）NBB

（e）NMB

（f）TBP

（a）（101）表面

（b）GNCS

（c）MPN

（d）NBB

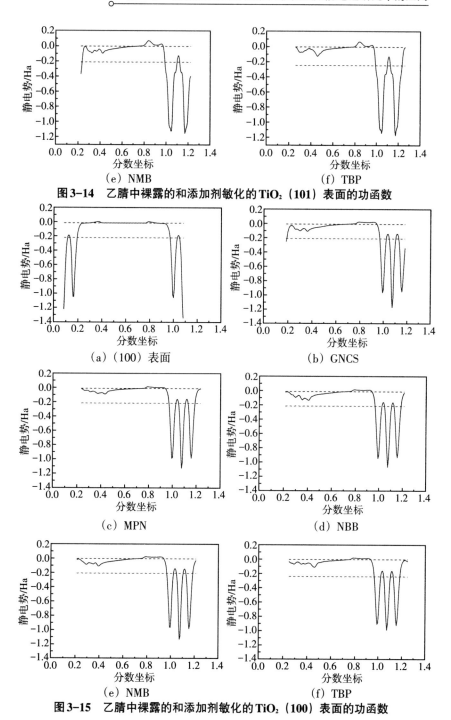

（e）NMB　　　　　　　　　　（f）TBP

图3-14　乙腈中裸露的和添加剂敏化的TiO₂（101）表面的功函数

（a）（100）表面　　　　　　　　　（b）GNCS

（c）MPN　　　　　　　　　　（d）NBB

（e）NMB　　　　　　　　　　（f）TBP

图3-15　乙腈中裸露的和添加剂敏化的TiO₂（100）表面的功函数

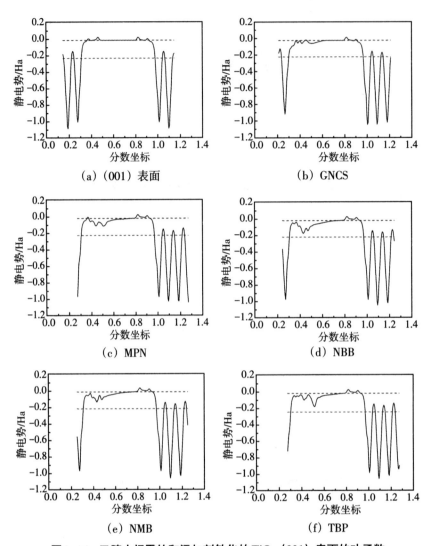

（a）（001）表面　　　　　　　　（b）GNCS

（c）MPN　　　　　　　　　　　（d）NBB

（e）NMB　　　　　　　　　　　（f）TBP

图3-16　乙腈中裸露的和添加剂敏化的TiO₂（001）表面的功函数

通过仔细比较各层的静电势曲线，发现添加剂在任一表面吸附后，静电势的负值都会增加，这意味着添加剂与TiO₂表面发生了相互作用。表面静电势越大，越容易获得电子。因此，被添加剂敏化的TiO₂表面比裸露的表面更容易接受电子。而且，通过对比真空和乙腈环境中相关的功函数曲线图，发现加入乙腈可以进一步略微地提升表面静电势。

表3-6总结了研究的所有敏化系统的功函数值。在真空中，由于添加剂吸附到TiO_2（101）表面，导致功函数的值减小，数值顺序为 TBP > MPN > NBB、NMB > GNCS，与表3-4中五种添加剂–TiO_2（101）体系的$E_{\Delta Fermi}$顺序正相反。因此，较小的功函数对提升染料敏化太阳能电池的开路电压有利。而且，功函数与$E_{\Delta Fermi}$的负相关规律也适用于（100）和（001）表面敏化系统。TBP、MPN敏化体系具有较大的功函数和较小的$E_{\Delta Fermi}$，而NBB、NMB和GNCS敏化体系具有较小的功函数和较大的$E_{\Delta Fermi}$。在乙腈环境中，无论添加剂吸附在哪种表面上，功函数的顺序均为TBP > MPN > NBB、NMB，这与在真空中得到的规律相同。但是GNCS-TiO_2体系是一个例外，主要归因于GNCS特殊的分子结构以及分子内和分子间相互作用之间更加复杂的竞争关系。总之，乙腈对添加剂敏化性能的增强程度排序：MPN、NBB、NMB > GNCS > TBP。上述结论与分子轨道和偶极矩的分析结果非常吻合，也再次验证了表3-4给出的$E_{\Delta Fermi}$趋势是可信的。

表3-6 真空和乙腈中裸露的和添加剂敏化的TiO_2表面的功函数值

添加剂	TiO_2（101）表面	TiO_2（100）表面	TiO_2（001）表面
真空			
裸露的	0.270	0.207	0.214
GNCS	0.210	0.212	0.195
MPN	0.222	0.227	0.222
NBB	0.210	0.211	0.204
NMB	0.213	0.211	0.205
TBP	0.247	0.228	0.221
乙腈			
裸露的	0.265	0.208	0.215
GNCS	0.212	0.205	0.198
MPN	0.213	0.206	0.207
NBB	0.208	0.202	0.200
NMB	0.209	0.203	0.203
TBP	0.242	0.237	0.225

>>> 3.2 本章小结

本章中的研究工作旨在理解和揭示不同种类的添加剂-TiO₂系统存在敏化差异的根本原因，分析并明确它们的基本电子性质（费米能量、分子轨道、偶极矩、静电势和功函数）如何共同促进费米能量的变化量 $E_{\Delta Fermi}$ 增大，从而进一步提高染料敏化太阳能电池（DSSC）的开路电压。因此，采用微观尺度的周期性密度泛函理论方法分别在真空和乙腈环境中研究了五种典型添加剂（GNCS、MPN、NBB、NMB 和 TBP）吸附在锐钛矿 TiO₂（101）、（100）和（001）表面上的电子性质和敏化效果。通过定性、定量的分析和比较，发现体系的 $E_{\Delta (LUMO-HOMO)}$、R 和功函数越小，总偶极矩 μ 越大，有助于促进添加剂敏化 TiO₂体系的 $E_{\Delta Fermi}$ 增大，对提升开路电压和改善 DSSC 的性能有利。与某些文献中的结论不同，认为总偶极矩比垂直于 TiO₂表面的偶极矩分量更加适合被用来表征不同种类添加剂的敏化性能。因为当被吸附的添加剂处于俯卧状态时，平行于表面的偶极矩分量的影响不容忽视。因此，应该综合考虑不同添加剂的分子结构、吸附的倾斜角度、垂直和平行于表面的偶极矩分量，是它们共同影响了纳米晶体 TiO₂的电子结构。

另外，不受溶剂环境的影响，添加剂主要对体系的占据轨道产生贡献，尤其添加剂分子中的共轭、超共轭结构是影响前线轨道的主要因素。对于每一种添加剂吸附在不同表面上，添加剂-TiO₂敏化系统 $E_{\Delta (LUMO-HOMO)}$ 的顺序为 TiO₂（101）< TiO₂（100）< TiO₂（001），与表面稳定性的顺序正相反；$E_{\Delta Fermi}$ 的顺序为 TiO₂（100）< TiO₂（001）< TiO₂（101）。考虑到溶剂效应，乙腈对添加剂敏化性能的增强程度排序：MPN、NBB、NMB > GNCS > TBP，除了对 TBP-TiO₂体系无效，能够使其他体系的 $E_{\Delta Fermi}$ 数值由负值转变为正值。乙腈溶剂的加入还可以显著地减小敏化系统的 $E_{LUMO-HOMO}$ 和 $E_{\Delta (LUMO-HOMO)}$，增大偶极矩，略微地提升表面静电势，但对 R 的影响甚微。

优化染料敏化太阳能电池的性能是一项烦琐但具有挑战性的工作。采用计算模拟方法可以从微观角度更好地阐明DSSC中各种组分确切的功能。计算结果能够为设计高效添加剂和具有特定晶面的纳米晶体 TiO_2 提供理论指导，从而通过平衡各种影响因素来调整最优的组分配方，获得DSSC的最佳光伏性能。

第4章　分子动力学模拟在疏水/亲水表面体系研究中的应用

>>> 4.1　通过细致调整石墨表面的纳米修饰控制聚乙烯的吸附行为

很多实验和模拟结果表明石墨和PE之间存在着非常强的吸引相互作用，所以最终PE会以晶状结构二维吸附到石墨表面上。本节的研究目的是将超疏水的思想应用到石墨和PE这类疏水/疏水的体系中，阐明表面上纳米级粗糙结构的存在对链与表面间固有的强相互作用及PE吸附行为的影响到底有多大。石墨被选作疏水表面是因为它自身结构的相对简单性和刚性，在模拟中可以被当作一个刚硬的整体使用。纳米级的粗糙结构多数由晶体表面的不完整性产生，比如裂纹、凹陷、阶梯、突出体和壁架等。更复杂的几何结构可以由以上这些基本形状混合而成。本节在石墨表面上设计出纳米级的柱状突出体[163]（protrusion，简称"柱子"），以此代表修饰过的粗糙表面。根据文献[164]，对于这种简单的表面纳米粗糙结构应用分子动力学模拟方法进行详细研究是非常适合的。采用能量优化与MD相结合的方法探讨了单一的聚乙烯链在包含上述修饰图案的刚性石墨表面上的吸附情况。遵循"两步走"的模拟步骤：第一，首先将PE靠近表面放置从而得到多个不同的初始构型，然后分别对它们进行直接能量优化松弛模型，找到相对比较稳定的结构；第二，采用第一步中得到的稳定构型进行后面的MD模拟。

希望依据本节中得到的结果可以从微观的角度回答以下两个问题：①表面纳米粗糙结构的存在能够使PE-石墨这种疏水/疏水体系

中的强吸引相互作用减弱到什么程度？②哪一种尺寸和形状的柱状突出体构成的表面图案对PE的吸附行为影响最大？

4.1.1 模拟方法和模型构建

关于分子动力学的原理部分可以参考本书2.1.2节。

建立初始模型。将包含三个石墨亚层，且经不同尺寸和形状的柱子修饰过的表面放置于具有三维周期性边界条件的立方模拟箱中（$X = Y = 11.8$ nm，$Z = 50.0$ nm），表面的示意图如图4-1所示。为了能够更清楚地观察到表面纳米结构对PE吸附行为的影响，柱子的尺寸应该与PE的回转半径有可比性。试想，如果柱子的尺寸非常小，那么PE根本感觉不到它的存在；相反，如果柱子的尺寸非常大，PE在柱子上面吸附和在石墨底表面上吸附就没有任何差别了。通过调节柱子的上表面积（或宽度L）、高度（H）、形状，以及柱子之间的距离（G）设计出四种不同纳米图案的表面模型[165]，具体信息全部列在表4-1中。另外，使模拟箱在Z方向上的长度足够大，这样可以忽略吸附后的PE链与表面在箱子上方的镜像之间的相互作用，从而将三维周期性边界条件转化为二维周期性边界，模拟相当于在水平无限大的表面上进行[49]。在初始构型中，PE恰好被放置在四个柱子

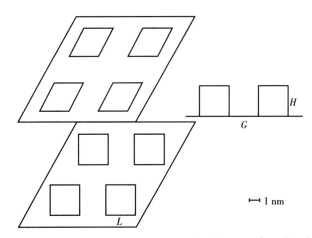

图4-1 按比例绘制的具有纳米尺度修饰图案的石墨表面的示意图

中央的正上方，这样可以保证它与每个柱子的接触概率相同。

文献报道中所采用的PE链长多数介于250到2002之间。因此，为了节省模拟时间，只选取了具有三种典型链长（500、1000和3000）的聚乙烯进行MD模拟，从而可以揭示出PE聚合度不同对表面吸附过程产生的影响。

MD模拟选用的是DREIDING Ⅱ力场[126]，它对于含有C，H，O，N等主族元素的有机物能够给出比较好的模拟结果。而且，还通过采用联合原子模型来简化计算[29]。体系中的范德华相互作用采用样条函数（spline function）的方法，截断半径为1.1 nm。这样可以在保证计算有较高准确性的同时，加快计算速度。

在未开始MD之前，先应用直接能量优化的方法对初始构型进行局部结构松弛，然后利用得到的相对稳定构型在NVT正则系综下进行5 ns的分子动力学模拟，积分时间步长为1 fs。针对每一个体系做三次平行模拟，以确保结果的可靠性。另外，运用Hoover thermostat[166]保持系统的温度恒定，热浴的衰减常数为0.1 ps。

表4-1　四种不同纳米结构修饰的表面图案的具体参数信息

图案	1	2	3	4
L/nm	1.0	3.0	3.0	3.0
G/nm	4.9	2.9	2.9	2.5
H/nm	1.0	1.0	3.0	3.0
形状	菱形	菱形	菱形	正方形

4.1.2　结果和讨论

通过系统地改变柱状突出体的上表面积（或宽度L）、高度H、形状，以及PE的聚合度N详细研究了表面的粗糙程度对PE吸附过程的影响。对于PE的初始构型，选择了无规线团（代表高斯链）和有序折叠（相当于片状晶体的原型）两种结构，这样可以比较出不同条件下PE的分子内相互作用与PE-表面的分子间相互作用的竞争关系。所有的模拟都进行到最终平衡状态为止，即此时体系的结构性质和总能量除了自然波动外已无明显变化。然后，利用高分子链的构型、吸附能（E）、整体取向有序参数（P_2），以及第一吸附层中归一化的吸附–被吸附原子对数表征模拟结果。

4.1.2.1　聚乙烯以无规线团结构为初始构型

（1）改变柱状突出体的上表面积带来的影响。通过观察在图案1（$L=1\,\text{nm}$）修饰的表面上得到的模拟结果，发现PE的构型由最初的无规线团转变为在石墨底表面上吸附的紧凑结构，其吸附行为与在石墨平面上的表现非常类似。体系达到平衡时，$N=500$的短链PE呈现二维单层吸附结构；而对于$N=3000$的长链PE，得到了在表面的法线方向上存在着一定吸附高度的三维构型；$N=1000$时PE的吸附现象介于前两者之间。针对表面图案1，柱子尺寸很小，它们的间隔距离足够容纳单一的高分子链，所以PE最终会像在平面上一样完全被吸附到底表面上去。因此可以说，小尺寸的柱状突出体对PE在石墨上的吸附几乎不产生任何影响。当增大柱子的上表面积（表面图案2，$L=3\,\text{nm}$）时，$N=500$，1000，3000的PE链都会首先被吸附到一个柱子上，然后由于感受到来自底表面和周围其他柱子的吸引，慢慢伸展下去。当最终达到平衡状态时，PE链是一部分吸附在柱子的上表面上，另一部分在柱子之间，与底表面接触。高分子链在石墨表面上的吸附行为可以由体系的吸附能、链的整体取向有序参数和第一吸附层中归一化的吸附–被吸附原子对数进行表征。表4–2中给出的吸附能E可由下式计算所得：

$$E = E_{\text{tot}} - \left(E_{\text{frozen}} + E_{\text{plane}} \right) \tag{4-1}$$

其中，E_{tot}是整个系统平衡时总的势能，E_{frozen}是被吸附的高分子链在真空中保持几何构型不变时的势能，E_{plane}是表面的势能。这里吸附能是负值，绝对值越大，表明高分子链与表面之间的相互作用越强。同样在表4–2中给出的高分子链的整体取向有序参数P_2通常被定义为[34]：

$$P_2 = \left\langle \left\langle \frac{3\cos^2\theta - 1}{2} \right\rangle_{\text{bond}} \right\rangle \tag{4-2}$$

其中，θ 为 PE 链上两个相邻的局部键矢量（sub-bond）i-1 与 i 之间的夹角，而局部键矢量是连接相邻化学键中心的向量。$\langle\cdots\rangle_{\text{bond}}$ 代表对整条 PE 链上所有局部键矢量的平均。最外面的 $\langle\cdots\rangle$ 表示时间平均。当 PE 完全为平面锯齿形状时，P_2 的取值为 1。

表4-2   以无规线团为初始构型时，PE 的吸附能和整体取向有序参数
对柱状突出体上表面积的依赖关系

N	图案 1		图案 2	
	$E/(\text{kJ}\cdot\text{mol}^{-1})$	P_2	$E/(\text{kJ}\cdot\text{mol}^{-1})$	P_2
500	−10192.47	0.929	−9430.14	0.918
1000	−14839.60	0.919	−11484.95	0.900
3000	−22318.17	0.890	−16131.12	0.884

表 4-2 中，在表面图案 1（小的上表面积）和 2（大的上表面积）的条件下对不同链长 PE 的吸附能和整体取向有序参数进行了比较，发现固定 N 时，吸附能值会随着柱子上表面积的增大而增大。这意味着将柱子的表面适当地扩大可以有效地减弱 PE-石墨之间的强吸引相互作用。不过可想而知，这种情况必然会有个临界值，因为柱子的上表面积不能够无休止地增大，它与高分子链的回转半径之间应该有一定的制约关系。否则，若柱子的上表面积已经扩大到与石墨底表面相近了，使 PE 感觉如同吸附在底表面上一样，那么此时 PE 的结构和行为与平面吸附没有差别。

另外，在第一吸附层中表面与高分子之间相互接触的原子对数直接与吸附能相关联，所以可以通过计算不同模拟条件下归一化的吸附-被吸附原子对数进一步验证吸附能的变化趋势。以 $N = 500$ 的 PE 为例，在图案 1 和 2 修饰的表面系统中得到的归一化的接触原子对数随着时间的变化规律分别展示在图 4-2 和图 4-3 中。接触原子对数的值越大表明体系的吸附强度越大。在其他条件不变的情况下，$N =$

1000，3000体系的接触原子对数曲线的变化也类似。当柱子的上表面积固定时，随着 N 增加，总的吸附能绝对值增大，但是每个单体的平均吸附能绝对值却减小，这是由体系中高分子与表面之间的接触点数目有限所决定的。短链PE在表面上是二维吸附，所以它的接触

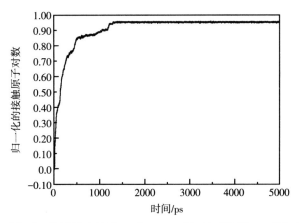

图4-2　在图案1修饰的表面上，以 $N=500$ 的无规线团状PE为初始构型，在第一吸附层中归一化的接触原子对数随时间的变化规律

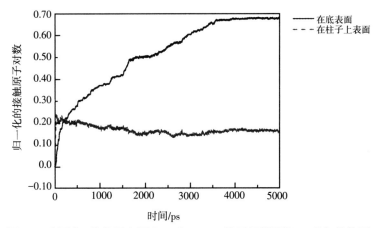

图4-3　在图案2修饰的表面上，以 $N=500$ 的无规线团状PE为初始构型，在第一吸附层中归一化的接触原子对数随时间的变化规律

点数目会随着 N 增加而成比例地增加。长链PE平衡时仍然是三维构型，因此随着 N 增加，平均每个单体的接触点数目会减少，从而平均吸附能绝对值也相应减小。对比了以表面图案1为模型时，不同链长的PE在第一吸附层中与表面接触的原子对数的归一化数值来验证上面这种直观的解释，结果由图4-4给出。很明显，N 增加会导致PE与表面接触的原子对数减少，这与前面对吸附能变化规律的分析一致。

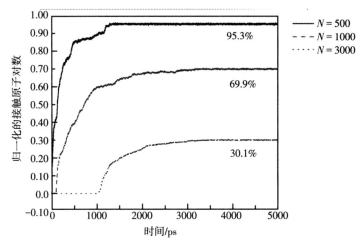

图4-4　在图案1修饰的表面上，分别以 N = 500、1000和3000的无规线团状PE为初始构型，在第一吸附层中归一化的接触原子对数随时间的变化规律

高分子链的吸附过程还可以应用整体取向有序参数 P_2 随时间的变化趋势来表征。图4-5中给出了由链长为500的PE和表面图案2构成的体系中 P_2 的典型曲线，其他系统中 P_2 的变化规律与此类似。模拟初始，PE是无规线团结构，P_2 大概在0.6左右。接着，在非常短的一段时间内，P_2 很快增至0.85，这正好对应了高分子链在表面上的快速吸附过程。而且，PE的局部键矢量由于受到了表面的诱导作用会逐渐取得和第一层石墨原子的局部键矢量一致的排列方向。之后，为了更好地符合石墨表面局部键矢量的取向，PE主动调整自身构型，因此导致模拟后期 P_2 缓慢增大。图4-5中虚线指出的是 P_2 最终达到的平衡值0.918，它是对4000到5000 ps之间的平衡态取样之后进行时间平均得到的结果，与其他体系的P_2平均值一起列于表4-2中。在模拟中，高分子链的整体取向有序参数增大是由于表面对它的强吸附作用造成的。所以，P_2完全可以作为能够反映链-表面之间相互作用强度的"表面诱导有序参数"。由表4-2可知，在两种表面条件下，P_2都随着N的增大而减小。并且，在N固定时进行横向比较，P_2还会随着柱子的上表面积增加而减小。综上所述，适当地增大柱状突出体的上表面积可以有效地弱化PE-石墨之间的强吸引相互作用，这种趋势对于本节中所选择的高分子的链长范围是无依赖性的。

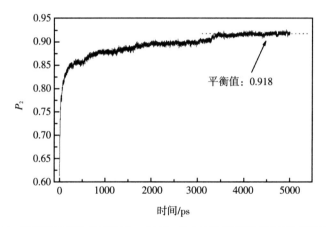

图4-5　在图案2修饰的表面上，以$N=500$的无规线团状PE为初始构型，链的整体取向有序参数P_2随时间的变化规律

（2）改变柱状突出体的高度带来的影响。图4-6中分别给出了在图案3（$H=3$ nm）修饰的石墨表面上，$N=500$，1000，3000的PE被吸附后的最终平衡状态。很明显，所有的PE链平衡时都停留在一个柱子上，并且自身保持着良好的有序折叠结构。

表4-3将在图案2和图案3修饰的表面系统中计算出的吸附能和整体取向有序参数的值进行了对比。当N固定，H增大时，吸附能绝对值和有序参数都会减小。对于表面图案2，PE首先被吸引到一个柱

子上，然后又被吸附到底表面上去。而当 H 增大时（表面图案3），链与底表面之间的接触机会明显减少，PE能够一直停留在一个柱子上而不会伸展到底表面上去。可以通过对比在表面图案2（见图4-3）和图案3（见图4-7）的系统中计算出的链与表面接触的原子对数来进一步验证这个结论。显然，后者比前者小很多。因此，增加柱状突出体的高度可以有效地减弱PE-石墨之间的强吸引相互作用。

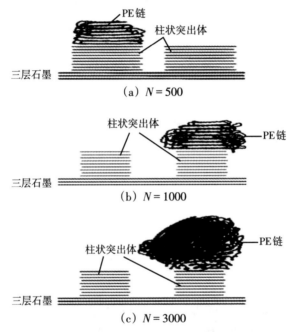

图4-6　$N=500$、1000和3000的PE在图案3修饰的
石墨表面上吸附的最终平衡状态

　　值得注意的是，上述结论只对本节所研究的PE链长范围适用，而对于更长的高分子链系统，现象也许就不同了。打个比方，如果柱子的上表面积不够大，不能够支撑整条链停留在它上面，那么PE就很有可能会被底表面吸附下去。

表4-3　以无规线团为初始构型时，PE的吸附能和整体取向有序参数
对柱状突出体高度的依赖关系

N	图案2		图案3	
	$E/(kJ \cdot mol^{-1})$	P_2	$E/(kJ \cdot mol^{-1})$	P_2
500	−9430.14	0.918	−1692.64	0.883
1000	−11484.95	0.900	−1832.84	0.875
3000	−16131.12	0.884	−2099.49	0.870

（3）改变柱状突出体的形状带来的影响。如图4-1所示，菱形的柱子构成菱形的表面图案，而正方形的柱子可构成等边三角形的表面图案。由表4-1中的参数信息可知，图案3中柱子的上表面积比图案4中的小13.4%，因此以图案4修饰的表面更有利于弱化链与表面之间的吸引相互作用。表4-4给出了PE的吸附能和整体取向有序参数对柱状突出体形状的依赖关系。可以发现针对相同的N，具有表面图案4的体系中得到的吸附能绝对值和有序参数的确比具有表面图案3的体系中得到的值小。此结论也可以通过归一化的PE-石墨接触原子对数的比较（见图4-7和图4-8）进一步证实。以上结果表明改变柱子的形状带来的影响实际上应该归结为改变柱子的上表面积对高

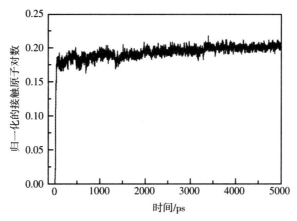

图4-7　在图案3修饰的表面上，以$N=500$的无规线团状PE为初始构型，
在第一吸附层中归一化的接触原子对数随时间的变化规律

分子链吸附行为的影响。上表面积越大，PE–石墨间的吸引相互作用被弱化的程度越明显。此外，等边三角形的表面图案在一定程度上缩短了柱子之间的距离，这也使得PE与底表面接触的机会相应减少。总之，增加L和减小G都能够使被吸附物与表面之间的作用减弱，从而分离二者变得更加容易。另外，具有表面图案4的系统的吸附能和有序参数随着N增加的变化规律以及最终的平衡构型都与具有表面图案3的系统类似。

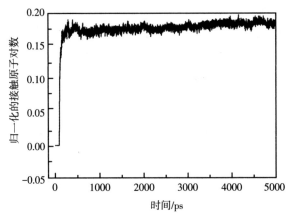

图4-8　在图案4修饰的表面上，以$N=500$的无规线团状PE为初始构型，在第一吸附层中归一化的接触原子对数随时间的变化规律

表4-4　以无规线团为初始构型时，PE的吸附能和整体取向有序参数对柱状突出体形状的依赖关系

N	图案3		图案4	
	$E/(\text{kJ}\cdot\text{mol}^{-1})$	P_2	$E/(\text{kJ}\cdot\text{mol}^{-1})$	P_2
500	−1692.64	0.883	−1667.99	0.881
1000	−1832.84	0.875	−1741.42	0.868
3000	−2099.49	0.870	−1959.74	0.863

　　表4-5针对以上两种表面图案分别给出了不同链长的PE的平均分子内能。结合表4-4，发现PE的分子内相互作用与链–表面的分子

间相互作用存在着一种依赖于聚合度 N 的竞争关系。采用表面图案4，体系可以获得最大的吸附能，意味着此种纳米形貌的表面可以最大程度地分离疏水/疏水的 PE-石墨体系。

表4-5 针对由不同形状的柱状突出体构成的纳米表面图案，不同聚合度的 PE 的平均分子内能 E_{int}

N	图案3	图案4
	$E_{int}/(kJ\cdot mol^{-1})$	$E_{int}/(kJ\cdot mol^{-1})$
500	−8.28	−8.45
1000	−9.58	−9.83
3000	−10.17	−10.46

4.1.2.2 聚乙烯以有序折叠结构为初始构型

在4.1.2.1节中以无规线团状 PE 为初始构型系统地研究了表面上纳米尺度的粗糙结构对高分子链吸附过程的影响。通常，呈有序折叠结构的 PE 可以被看作片状晶体的晶核[36]。由于紧凑有序的 PE 在石墨表面上的吸附情况可以揭示出高分子链-表面间的强吸引作用和 PE 分子内相互作用之间的竞争关系，因此对它的模拟具有特殊意义。采用与上一小节相同的模拟流程，只是将 PE 的初始构型替换为有序折叠结构来重复实验。改变石墨表面上纳米级柱子的上表面积、高度和形状对 PE 吸附行为的影响全部体现在表4-6中。结果表

表4-6 以有序折叠结构为初始构型时，PE 的吸附能和整体取向有序参数对柱状突出体尺寸和形状的依赖关系

N	图案1		图案2	
	$E/(kJ\cdot mol^{-1})$	P_2	$E/(kJ\cdot mol^{-1})$	P_2
500	−10126.53	0.930	−9216.76	0.917
1000	−14040.33	0.913	−10953.84	0.897
3000	−23732.36	0.898	−16597.17	0.889

表4-6（续）

N	图案3		图案4	
	$E/(kJ\cdot mol^{-1})$	P_2	$E/(kJ\cdot mol^{-1})$	P_2
500	−7620.18	0.885	−6465.55	0.879
1000	−7918.55	0.873	−7427.61	0.868
3000	−8568.08	0.869	−7809.95	0.862

明，无论是以无规线团还是以有序折叠结构的PE为模拟的初始构型，改变表面的纳米形貌所带来的影响是相似的。

通过对实际模拟过程的观察，发现两种初始构型最终产生的平衡结构很相近（如图4-6所示）。并且，在表面图案1和2的系统中，无论PE链含有多少个单体，其最初的有序折叠结构都会被彻底摧毁。PE链的局部键矢量会按照石墨的局部键矢量的取向排列，在底表面上围绕着柱子伸展。而在图案3和4修饰的表面上，$N = 500$，1000，3000的PE都会保持着原有的折叠结构吸附在其中一个柱子上，并且为了能够更好地适应石墨上表面相邻化学键之间锯齿形（zigzag）的排列方式不断地调整自身的整体取向。

另外，还可以利用有序参数的变化量$\Delta P_2 = P_{2,\text{final}} - P_{2,\text{initial}}$表征具有纳米修饰图案的表面对有序折叠结构的PE的吸附行为的影响。计算得出此时所有体系的ΔP_2都为正值，这意味着由于表面诱导作用的存在，高分子链的整体取向有序性比最初在真空中得到的折叠结构的有序性更好了。图4-9给出了以有序折叠结构为初始构型时，$N = 500$的PE吸附在图案3修饰的表面上，其有序参数P_2随着模拟时间变化的曲线。可以看到，在非常短的时间内，P_2已由0.855增加到0.870，对应着有序折叠的高分子链被整体吸附到表面上去这一过程。之后P_2在2.5 ns内都在0.870附近波动，表明PE为了能够更好地符合石墨表面局部键矢量的取向在不断地调整自身的整体取向和局部结构。接着，P_2突然由0.870跳升至0.885，这主要归因于PE构型的一次细微转变，即它的有序部分中折叠的数目（fold number）减少了一层，从而引起了P_2的突增。最后，体系逐渐进入平衡状态。对比表4-6中的数值，可以很容易找出图案4仍然是最适合弱化PE和石墨之间的强相互作用的表面纳米修饰结构。

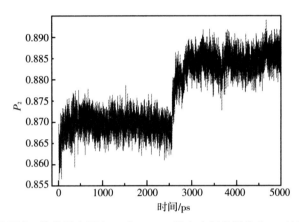

图4-9 在图案3修饰的表面上，以$N=500$的有序折叠结构为PE的初始构型，链的整体取向有序参数P_2随时间的变化规律

因为折叠的高分子链是空间各向异性的，所以猜想它与表面的相互作用也许会受到初始构型中PE的分子轴与石墨表面的法线之间夹角的影响。为了验证这个因素是否起到了一定的作用，确定初始构型时在保持折叠链重心不变的前提下将PE进行了空间旋转，结果发现对于拥有不同整体取向的PE，发生的吸附行为都是相同的。

同样，也考虑到了由于PE被放置的初始位置不同可能对模拟结果带来的影响。在前面的一系列模拟中，初始构型中PE链始终被放置在四个柱子中间空隙的正上方，这样可以保证它与每个柱子的接触概率相同。以$N=500$，1000的体系为例，将有序PE的初始位置设定在以图案3和4修饰的表面上四个柱子之间的空隙中。尽管PE链的位置与柱子和石墨底表面仍保持着一定的距离，但是得到的吸附行为却与前面截然不同。首先，PE几乎同时被柱子的侧面和石墨底表面吸附，之后，尽管整条链中间的大部分仍然保持着原来的规则有序结构，但是外围的部分已经开始在底表面上伸展扩散了。很明显，PE与石墨底表面之间的相互作用大于它与纳米柱子的作用，所以PE链最终会完全被吸附在底表面上，并且围绕柱子向外舒展。也就是说，只要PE与石墨底表面的距离足够近，那么它就必然会完全被吸附到底表面上去，这个结论也适用于PE以无规线团为初始构型的情况。因此，如果要弱化PE-石墨的强吸引相互作用，则在设计合适的表面纳米形貌时，最大程度地减少高分子链与底表面的接触机会是至关重要的。所以，在本节所采用的纳米粗糙结构中，表面图案4是最好的选择，凭借它能够很容易地分离疏水的PE链和疏水的石墨表面。

>>> 4.2　亲水高分子链在疏水表面上的吸附和扩散过程

本节的主要目的是研究单一的亲水链在疏水表面上吸附和扩散的过程。类似的亲水/疏水系统普遍存在于涂层工业中，比如在不同的物质表面上粉刷油漆。而且，润湿、表面黏附以及液体在狭窄的几何容器内流动都属于这类体系的例子。2005年，Willett等对氨基酸在无机表面上不同的黏附作用进行了研究，也使得这类亲水/疏水体系被应用到生物探测领域中[167]。所以，本节中的模拟结果可以为更好地理解亲水的高分子链被疏水表面吸附之后构型和动力学行为的变化提供有利的帮助。

采用能量优化和分子动力学（MD）方法详细地研究了在真空和好溶剂的环境中，单一的聚乙烯醇（PVA）链在刚性的石墨表面上吸附和扩散的过程。模拟中只选用单链高分子，是因为此种情况直接与在极稀溶液中二维的高分子扩散现象相关联，但实验上很难实现。另外，PVA是一种很常见的亲水物质，相对分子质量分布广泛。石墨被选作疏水表面是因为它自身结构的相对简单性和刚性，在模拟中可以被当作一个刚硬的整体使用。遵循"两步走"的模拟步骤：第一步，首先将无规的PVA链靠近石墨表面放置从而得到多个不同的初始构型，然后分别对它们进行直接能量优化松弛模拟，找到相对比较稳定的结构；第二步，采用第一步中得到的稳定构型进行MD模拟。在动力学标度理论中有两个非常关键的物理量，即链的回转半径（R_g）和质心扩散系数D，利用它们来描述体系的特性。模拟结果表明，$N=20$的短链体系达到平衡时，最终稳定的吸附构型PVA链上所有的羟基都靠近疏水表面。这个结果既让人感到意外，同时又非常有趣。另外，还将系统的有效介电常数设置为76.0（参照水在常温下的介电常数）来模拟好的溶剂环境，可与真空条件（可以被看作坏溶剂环境）进行比较。最后发现，无论是被吸附链的构型还是扩散系数都有很大的变化，可见溶剂环境因素在模拟中起到了举足轻重的作用。

4.2.1　模拟方法和模型构建

关于分子动力学的原理部分可以参考本书2.1.2节。

建立初始模型。按照文献中报道的参数（$a=b=0.246$ nm，$c=2.02$ nm，$\alpha=\beta=90°$，$\gamma=120°$）[168] 构建石墨晶胞，然后截取其（001）面作为模型的固体表面。整个石墨表面的厚度大约为1.5 nm，包含4个石墨亚层，并且在模拟过程中固定其不动。对于亲水的PVA，分别选取聚合度$N=20$，30，50，60，80。最后将体系置于具有三维周期性边界条件的模拟箱中，使石墨表面平行于XY平面，而且为了能够忽略被吸附后的PVA与表面在箱子上方的镜像之间的相互作用，特意将箱子Z方向的尺寸拉长到8 nm。通过这种方式，三维周期性边界条件实际上被转化为二维周期性边界，模拟相当于在水平无限大的表面上进行。

MD模拟中，力场的选择是关键。这里选用高质量的COMPASS力场 [131-135]，与早期依靠气相数据或单纯的从头算方法得到的力场不同，它是由从头算方法结合经验参数拟合过程得到的，具有更高的精确度和准确度。而且，它非常适用于对孤立体系和浓缩相中分子的结构、振动以及热物理等性质的预测。对非键相互作用中的范德华和库仑作用参数进行了设置，前者采用样条函数（spline function）的方法，截断半径为 1.1 nm；后者利用 Ewald summation 方法处理体系中长程的静电作用[1]。这样可以在保证计算具有较高准确性的同时，加快计算速度。

首先应用直接能量优化的方法对初始构型进行松弛和筛选，然后利用得到的相对稳定构型在 NVT 正则系综下进行 5 ns 的分子动力学模拟，运动方程积分的时间步长是 1 fs。针对每一个体系做三次平行模拟，确保结果的可靠性。另外，运用 Berendsen thermostat[169] 保持系统的温度恒定，热浴的衰减常数为 0.1 ps。

在这一系列模拟中，体系的总能量和势能都随着模拟时间的增加先下降，而后逐渐趋近于一个稳定的常数值，并且在它附近波动直至平衡。这个过程刚好对应着 PVA 链由最初的三维空间结构受到表面作用而发生吸附和扩散的动力学行为。并且，还通过改变系统的介电常数为 76.0 将原本的真空环境转变为好溶剂环境。虽然这种简单的做法不能够将显式的溶剂化效应完全考虑进去，但是可以直接体现出外界溶剂环境转变对高分子链的构象及动力学行为的影响。

4.2.2　结果和讨论

在本节中，利用高分子链的构型、扩散系数、吸附能（E）和化学键的取向有序参数来表征模拟结果。所有的模拟都进行至 PVA 链达到自身的平衡结构为止，即此时其结构性质和能量除了自然波动外已无明显的变化。

4.2.2.1　真空环境（坏溶剂）

（1）吸附过程中 PVA 构型的变化。图 4-10 中给出了两种典型聚合度 $N = 20$ 和 60 的 PVA 平衡时的稳定构型。图 4-10（a）表明短链 PVA（$N = 20$）能够被非常好地吸附在疏水表面上。有趣的是，平衡状态时链上所有的羟基都贴近石墨表面，这个特殊的现象将在后面进行详细讨论。图 4-10（b）指出 PVA 链稍长（$N = 60$）时，平衡后会有明显的部分解吸附出现。

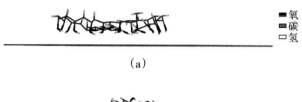

（a）

（b）

图4-10　聚合度为20和60的PVA链被石墨表面吸附后的最终平衡状态图

为了更清晰，图中只从侧面显示了一层石墨，另外三层石墨和模拟箱的边界都被省略了。

随着时间的演化，链的构型由初始真空中孤立的无规线团转变为被表面吸附的紧凑结构。在最初的几百皮秒中，链的扩散伴随着吸附过程发生，后者占主导地位。当体系的能量趋于恒定之后，链的动力学主要由扩散过程控制。为了表征吸附过程中PVA链的构型转变，计算了其平均回转半径R_g，它的定义是：

$$\langle R_g \rangle = \sqrt{\left\langle \frac{1}{N} \sum_{i=1}^{N} (r_i - r_{cm})^2 \right\rangle} \tag{4-3}$$

r_i和r_{cm}分别代表高分子链中每一个原子和整条链的质心的位置矢量。图4-11描述了$\langle R_g \rangle$随着聚合度N增加的变化规律。很明显，R_g先增大后减小，且最大值出现在$N=30$的位置。通过观察实物模拟图，可以发现无论是含有20还是30个单体的PVA链最终都能够被非常好地吸附到石墨表面上从而呈现出二维结构，那么$N=30$的链必然比$N=20$时在表面上占据的面积更大，故R_g增大。而当N进一步增大时，PVA被吸附后在表面的法线方向上，即Z轴方向，呈现出一定的吸附高度。此时，高分子链没有完全伸展，因此不是强吸附。■代表MD模拟结果，标准偏差由三次平行模拟测量所得。

为了表征高分子构型各向异性的特点，说明它在吸附过程中的变化规律，还计算了以下两个比例：$(R_x^2 + R_y^2)/R_z^2$ 和 R_{max}/R_{min}。其中，R_x、R_y 和 R_z 是回转半径 R_g 在三个轴方向上的分量，R_{max} 和 R_{min} 分别代表 R_x 和 R_y 中相对的较大值和较小值。由图4–12可知，随着 N 增加，两个比例出现相同的变化趋势，都是先增大后减小，转折点也出现在 $N=30$ 时，这些与图4–11中 R_g 的结果一致。

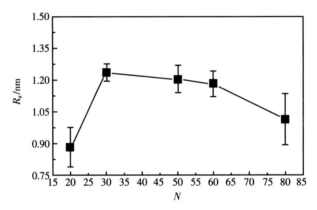

图4–11 平均回转半径 $\langle R_g \rangle$ 随聚合度 N 增加的变化趋势图

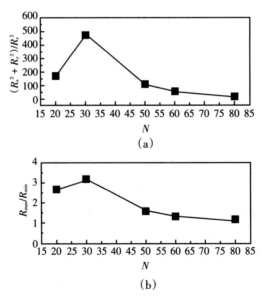

图4–12 $(R_x^2+R_y^2)/R_z^2$ 和 R_{max}/R_{min} 随聚合度 N 增加的变化趋势图

R_g在Z轴方向上的分量垂直于石墨表面，表面的吸附作用使它在吸附过程中被强制缩减，而R_g在X和Y方向上的分量则因为链的铺展有显著的增加。$N=20$或30的短链PVA可以在表面上非常好地强吸附而呈现二维结构，所以此时R_x和R_y很大，R_z很小，两个比例值比较大。对于$N=50$，60，80的情况，上述两个比例值会随着N的增大而减小。尽管PVA链因为受到表面吸附改变了自身的构型，但是它们仍然部分保持着初始的无规线团结构。这是由于分子内相互作用会随着N的增大而增大，因此有利于它与链-表面的分子间相互作用竞争，致使R_z增大，被吸附链的构型变得更加各向同性。

（2）PVA链在表面上的扩散。当吸附过程结束后，高分子链与表面之间的相互作用能停留在一个常数值附近波动，PVA的动力学转变为由其在表面上的扩散行为主导控制。通过爱因斯坦关系（Einstein relation）可计算出链的扩散系数。图4-13给出了扩散系数和聚合度之间的变化关系。很明显，在N从20增加到80的过程中，D下降幅度很大，但是它们之间并没有清晰的标度关系，这也许是由于MD模型中高分子链长比较短的缘故。另外，还可以利用链与表面间的吸附能随N的变化规律来解释D对N的依赖关系，吸附能由公式（4-1）计算。

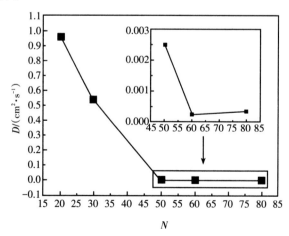

图4-13 PVA的扩散系数D随聚合度N的变化关系图

　　PVA 为了能够更好地在疏水表面上吸附需要自身发生很大的分子结构形变，但是这样一来就会破坏分子内部原有的氢键从而引起体系自由能升高。所以，这种分子内/分子间相互作用的竞争关系会导致吸附能随 N 的变化趋势出现极限情况。如图 4-14 所示，吸附能的绝对值随着聚合度的增加而增大，极限值最先出现在 $N=30$ 的位置上，大约为 662.95 kJ/mol。吸附能的绝对值由 $N=20$ 时的 282.99 kJ/mol 增加至 $N=30$ 时的 662.95 kJ/mol，正好对应图 4-13 中扩散系数 D 的大幅度下降。当 N 继续增加超过 30 以后，D 仍会进一步减小，这是由于 PVA 的相对分子质量增加，导致分子的扩散速度减慢。更大的吸附能绝对值和更高的相对分子质量都能够引起高分子链的扩散系数减小。不过，值得注意的是，$N=80$ 的吸附能绝对值稍稍比 $N=60$ 的小一些，从而使得 D 有微小的增加。究其原因，在 $N=80$ 的条件下，PVA 分子内的相互作用足够强，可以使链的构型大部分保持初始的无规线团结构，链-表面的实际接触面积因此减少，最终导致仅由范德华作用构成的吸附能的绝对值也随之减小。

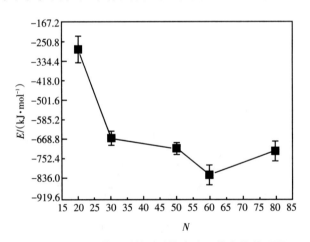

图4-14　PVA的吸附能 E 随聚合度 N 的变化关系图

　　由于体系中存在着长程的流体力学相互作用，所以有限尺寸效应（finite size effect）对计算得到的扩散系数有一定的影响[170]。为了验证这种影响到底有多大，以最短的 PVA 链（$N=20$）为例，采用不同大小的三维箱子进行MD模拟。分别扩大和缩小模拟箱在 X 和 Y 方向上的尺寸为原长的150%和83%，计算每种体系中PVA的扩散系数，结果列在表4-7中。对比这三个数值，很容易发现扩散系数随着箱子的增大而增大。因为在所有模拟中使用的箱子都是一样大的，所以可想而知，这种有限尺寸效应对于长链系统的 D 影响会比较明显。尽管如此，从图4-13中可以看到当聚合度由 $N = 20$，30增加到 $N > 50$ 时，D 的下降幅度是非常大的。因此，即使较长链的扩散系数受到了相对比较小的模拟箱尺寸的制约，但是 D 随着 N 增加而减小的趋势是不会改变的。

表4-7 扩散系数 D 对模拟箱尺寸的依赖关系

模拟箱尺寸	$D/(\mathrm{cm^2 \cdot s^{-1}})$
原始尺寸	0.96
缩小17%	0.78
扩大50%	1.43

（3）一个有趣的特殊现象：$N = 20$ 的PVA链。当 $N = 20$ 时，PVA表现出与其他聚合度的链不同的行为，即平衡时链上所有的羟基都贴近疏水的石墨表面。这个结果与最初的预测——亲水性的羟基应该"讨厌"疏水的表面有些矛盾，但是由图4-10（a）可以看出这种构型确实是PVA最稳定的平衡结构。为了找到原因，需要将羟基全部接近表面和远离表面两种状态下体系的吸附能进行对比。因为模拟具有三维周期性边界条件，所以可以通过一步步地改变被吸附链与石墨表面之间的距离来计算吸附能的差别。由图4-15可以看出羟基全部接近表面时吸附能的绝对值比羟基全部远离时大90.37 kJ/mol。因此，前一种状态的吸附作用确实比后一种状态的更强，PVA链的构型也更稳定。但是值得注意的是，当 N 增加以后，这种特殊现象就不存在了，如图4-10（b）所示。羟基的键矢量随意分布，主要归因于分子内比较强的相互作用致使PVA部分保持了无规线团的结构。

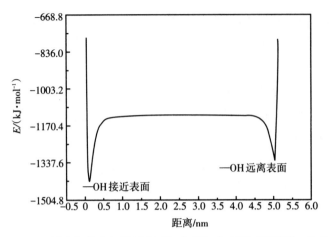

图4-15 PVA链上羟基全部接近表面与全部远离表面时吸附能 E 的差别图

通过计算C—O键和O—H键的取向有序参数来描述PVA被吸附后局部键有取向的行为[171]。通常，取向有序参数被定义为：

$$P_1(z) = \langle \cos \theta \rangle_{bond} \qquad (4-4)$$

$$P_2(z) = \left\langle \frac{3\cos^2\theta - 1}{2} \right\rangle_{bond} \qquad (4-5)$$

其中，θ 为特定键矢量与 Z 轴方向矢量 N_z 之间的夹角，$\langle \cdots \rangle_{bond}$ 代表对整条PVA链中所有特定键矢量的平均。因为有序参数 $P_2(z)$ 不能够被用来分辨羟基的取向是接近还是远离表面，所以采用累积平均的方法只计算C—O和O—H键的 $P_1(z)$ 随时间变化的曲线进行表征，结果分别展示在图4-16和图4-17中。图4-16指出C—O键存在着明显的取向性。利用一级指数衰减函数对曲线进行拟合，得到 $N=20$ 的PVA链的特征衰减时间为219.07 ps，是C—O键统一取向的特征时间。C—O键矢量与 N_z 之间的夹角很小，所以它的方向几乎是垂直于表面的，换句话说，羟基的位置都处于PVA碳链主干与石墨表面之间，靠近表面。而由图4-17可知，O—H键的取向是杂乱无章的。以上结论可以被用来与小分子（例如水分子）在扩展的疏水表面上的吸附情况进行对比，有所不同[172]。

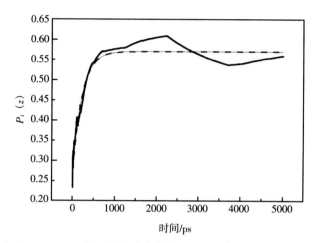

图 4-16　C—O 键的取向有序参数 $P_1(z)$ 随时间的变化规律图

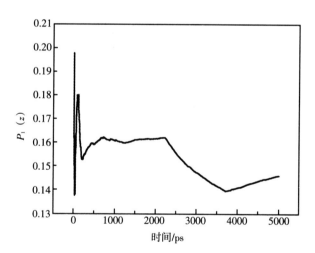

图 4-17　O—H 键的取向有序参数 $P_1(z)$ 随时间的变化规律图

4.2.2.2　好溶剂环境

将体系的介电常数设置为 76.0 模拟好溶剂环境[173]。当然，采用此方法不能够很全面地考虑显式的溶剂化效应。不过，可以应用这种好坏溶剂简单互换的方式直接得到溶剂环境对高分子链的构型和动力学的影响。为了节省模拟时间和避免重复性的工作，只以两个

有代表性的聚合度 $N = 20$ 和 60 的 PVA 链为例进行说明。

结果表明，在好溶剂环境中，PVA 链不论含有多少个单体（20 或 60）都能够被很好地吸附到疏水表面上去，并且呈现二维结构。吸附过程发生速度非常快，经过 5 ps 已经达到平衡了。在后续的扩散过程中，PVA 也会在石墨表面上一直保持着单层的二维稳定构型直至模拟结束。这类体系中的库仑相互作用在很大程度上被好溶剂屏蔽掉了。例如，当 $N = 20$ 时，库仑能的数值由 −1554.65 kJ/mol 变化至 −12.13 kJ/mol；而当 $N = 60$ 时，由 −2555.08 kJ/mol 变化至 −36.82 kJ/mol。所以，PVA 分子内相互作用大幅减弱，只剩下范德华作用占主导控制地位，从而使体系获得了非常好的吸附效果。此时 PVA 的二维吸附构型使得链–表面间的接触面积增加，吸附能绝对值增大，所以链的扩散系数相应减小。具体计算结果全部列在表4-8中。

表4-8　在真空和好溶剂中，$N = 20$ 和 60 的 PVA 在石墨表面上的
吸附能 E 和扩散系数 D

	N	真空	好溶剂
$E/(\mathrm{kJ \cdot mol^{-1}})$	20	−279.07	−309.20
	60	−819.94	−884.41
$D/(\mathrm{cm^2 \cdot s^{-1}})$	20	0.96	0.76
	60	2.34×10^{-4}	2.14×10^{-4}

综上所述，很明显，溶剂效应对这种亲水/疏水体系中高分子链的吸附构型和动力学都有着极其重要的影响，不仅能够改变PVA平衡态的吸附结构，而且能够控制其在表面上的动力学行为。

》》》4.3　本章小结

本章中，采用微观尺度的分子动力学模拟方法研究了两类很典型的疏水/疏水、亲水/疏水表面体系，即聚乙烯（PE）-石墨、聚乙烯醇（PVA）-石墨。

针对不同聚合度的PE在经纳米结构修饰的粗糙石墨表面上的吸附过程，计算结果表明当构成表面图案的柱状突出体具有合适的尺寸和形状时，可以有效地减弱这种疏水/疏水体系中的强吸引相互作用，从而更容易使石墨与碳氢化合物分离。

考虑了PE分别以无规线团和有序折叠结构为初始构型的吸附情况，发现改变柱子的上表面积、高度和形状以及高分子的聚合度对PE吸附行为的影响是相似的。这些因素以复杂协同的方式共同作用于高分子在纳米级粗糙表面上的去湿（dewetting）能力。为了系统地研究每一种因素产生的基本影响，没有对石墨表面进行随意的粗糙修饰，而是设计了四种规则的纳米级修饰图案。将PE的初始位置安排在四个柱子中间空隙的正上方，保证它与每个柱子的接触概率相同。如果PE链最初被安放在柱子的空隙中，那么它和石墨底表面的距离就相对比较近，这样会导致PE最终完全被吸附到底表面上去，此时柱子不起任何作用。尽管此种情况在溶液环境中比较少见，但是巧妙地调整表面的纳米形貌从而降低其发生的可能性对于弱化链-表面的强相互作用仍然是很有必要的。通过构建纳米级粗糙表面对润湿过程产生影响是普遍适用且不依赖于物质的化学本质的[174]。因此，一旦表面上的突出体经过参数优化后能够满足良好性质的要求，那么它们的存在可能会导致整个表面发生物质改性。即使是在拥有强吸引力的体系中，纳米修饰的表面也可以为控制被吸附物质的动力学行为提供可能。并且，还可以通过细致地调节外界环境中溶剂的性质来操控高分子在粗糙表面上的吸附过程。

针对单一的亲水PVA链在疏水的石墨表面上吸附和扩散的过程，计算结果表明尽管它们具有截然相反的特性，但是PVA仍然能够被很好地吸附到疏水表面上，并且随着聚合度的增加表现出不同的动力学行为。

在真空中，含有20或30个单体的PVA在表面上呈现二维吸附结构，而当聚合度超过50时，被吸附链在表面的法线方向上有一定的吸附高度。回转半径及两个比例 $(R_x^2+R_y^2)/R_z^2$ 和 R_{max}/R_{min} 都表明吸附构型对聚合度具有依赖关系。而且，随着 N 的增加，体系中吸附能的绝对值增加，扩散系数减小。但是针对所模拟的聚合度范围，D 与 N 之间并无任何标度关系[175-178]。另外，对于 $N = 20$ 的体系，在达到动力学平衡后 PVA 链上的羟基全部都靠近疏水表面。通过比较 PVA 的羟基全部靠近和全部远离表面时吸附能的差别，发现前者吸附能的绝对值比后者大 90.46 kJ/mol。因此，羟基靠近表面时 PVA 受到的吸附作用的确更强，结构也更加稳定。但是值得注意的是，当 N 进一步增加时，羟基的有选择性取向就不存在了。在好溶剂中，无论 PVA 中含有多少个单体，它都会在表面形成良好的二维吸附结构，而且吸附速度非常快。溶剂起到了静电屏蔽的作用，使 PVA 分子内相互作用减弱，链与表面之间的相互作用增强，导致 PVA 扩散速度减慢。设想如果疏水表面能够吸附足够多的亲水链，那么表面本身的疏水性质就有可能被改变。

第5章 耗散粒子动力学模拟在多孔和致密高分子膜制备中的应用

>>> 5.1 应用浸入沉淀的方法制备多孔的高分子膜

现今社会，多孔的高分子膜在工业上有着广泛的用途[110-112]。微滤、超滤、逆渗透作用以及气体分离等都是其工业应用的例子。控制膜的形貌对于应用是至关重要的，因为膜上孔的大小和分布在很大程度上决定了它的功能。制备多孔的高分子膜有很多种方法，如烧结（sintering）、拉伸（stretching）、径迹蚀刻（track-etching）和相转化（phase inversion）技术等[179-180]。由于原材料的性质和制备过程中的条件不同，所制备出的膜的最终形貌也会有很大的区别。工业上大部分高分子膜都是应用相转化技术制备的，依靠高分子溶液相分离形成多孔的高分子膜。它可以由多种方式诱导发生，比如温度诱导相分离、高分子溶液的空气铸造（air-casting）、气相沉积（precipitation from the vapor phase）以及液相的浸入沉淀（immersion precipitation）等。其中，浸入沉淀相转化是最有效的方法。它的实质是首先将高分子溶液浇铸到一个固体支撑物上，然后整体浸没到非溶剂浴中，由于整个体系中化学势的不平衡，高分子溶液中的溶剂分子将会被非溶剂浴中的非溶剂分子所取代，体系因此发生相分离。当相分离达到一定程度的时候，将高分子相取出固化，从而可以得到具有一定尺寸的多孔高分子膜。所以整个浸入沉淀过程实际上包括两个方面，即前期的液–液相分离和后期的固化。

在浸入沉淀过程中，由于热力学和动力学之间存在着复杂的相互作用，所以使得控制膜结构的形成极具挑战性。目前已经有文献对浸入沉淀过程的热力学基本原理——"高分子/溶剂/非溶剂"体系的三相相图进行了详细的报道[181-182]，还有一些实验和模拟工作者也采用各种方法对浸入沉淀过程的动力学进行了研究[183-198]。例如，Koenhen等发现高分子浓度的增加会导致溶剂与非溶剂发生交换的前沿区域的增长速率降低，但是他们没有监测相分离过程中的任何细节[183]。1979年，Cohen等建立了第一个采用浸入沉淀方法的质量转移模型[184]。之后的几十年里，很多科学家对它进行了改进[185-192]。由于实验上许多条件很难得到很好的控制，所以应用计算机多尺度计算模拟方法研究浸入沉淀过程为实验提供预见和设计指导显得尤为重要[193-196]。Termonia采用蒙特卡罗（MC）方法探讨了在凝结剂中加入添加剂所带来的影响[193]。Saxena和Caneba选用Cahn-Hilliard方程结合Flory-Huggins自由能模型对高分子膜中的相分离过程进行了模拟[194]。另外，Akthakul等应用格子玻尔兹曼方法（LBM）研究了膜的形成[195]。Maiti等利用MesoDyn软件的独特功能不断改变体系中各物质的浓度来模拟溶剂-非溶剂在纳米多孔膜中的交换过程[196]。尽管已经出现了如此多的模拟结果，但是对于浸入沉淀过程中相分离的机理仍然存在着诸多争论，所以进一步更好地理解浸入沉淀的动力学过程是非常有必要的。

耗散粒子动力学（DPD）由于采用了软的相互作用势，能够加速模拟的进行，使得模拟可以覆盖几十纳米到几十微米的多样空间尺度，并且能够呈现出超过 1 ms 的时间尺度上的动力学现象，这是耗散粒子动力学最大的优势[196]。而且，因为DPD是基于粒子的模拟方法，所以非溶剂分子在高分子相中的运动和分布显而易见。它可以反映出整个相分离的过程，甚至能够捕捉到膜形貌的细微变化。

本节的目的在于应用介观尺度的耗散粒子动力学方法，通过细致地观察浸入沉淀相分离过程中高分子膜形貌的变化，研究一些特征物理参数（高分子的链长 N、溶剂和非溶剂分子的尺寸、非溶剂的性质和数量等）对于膜的形成过程及最终形貌的影响。遵循"两步走"的模拟步骤：第一步，构建不同的高分子溶液；第二步，选取第一步模拟的最终平衡状态作为初始构型，加入非溶剂浴实现浸入沉淀过程。DPD模型能够准确地预测高分子膜的形成过程，并且针对其形貌的变化为实验提供有价值的帮助信息。

5.1.1　模拟方法和模型构建

5.1.1.1　耗散粒子动力学关键参数

关于耗散粒子动力学的原理部分可以参考本书2.2.1节。

为了保证高效的模拟速度和稳定的温度控制，设置GW-VV积分算法中的可调参数 $\lambda = 0.65^{[14,54]}$，积分步长 $\Delta t = 0.01$。为了进一步验证参数选取的合理性，测试了温度对 λ 和 Δt 的依赖关系。将 λ 的值由0.4逐渐变化至0.65，Δt 从0.01变化至0.06，可以发现当 $\lambda = 0.65$ 时积分步长最大可以选择0.06，此时系统仍能保持恒定的模拟温度。这与Groot等在文献［14］中阐述的结果一致。而且，在选取的参数条件下得到的系统平均温度0.99931最接近目标温度 $k_B T = 1$。DPD其他基本参数的选择完全遵循文献［14］，因为它们是具有普适性的，并且已经得到了众多DPD工作者的证实 $^{[54,151,197\text{-}198]}$。这样能够使模拟程序更好地符合DPD的基本框架，保证了模拟结果的正确性和普适性。当然，也可以通过选取合适的参数将DPD模拟方法应用于针对某个特殊体系的研究，将真实的高分子粗粒化成DPD模型链，例如Zhong和Liu的工作 $^{[199]}$。但值得一提的是，他们的模拟中也采用了文献［14］中一些标准的DPD参数。

用于构建高分子链的弹簧 $\boldsymbol{F}_i^s = -Cr_{ij}$，弹簧系数 $C = 4^{[14,54]}$。在二维模拟中，模拟箱的大小随着加入体系中的非溶剂量的增加由 100×50 增大至 100×110。在箱子 Y 方向的上下边界处分别构建了两个固体表面，周期性边界条件只应用于箱子的 X 方向。

5.1.1.2　DPD模型中固体表面的构建

在DPD方法中构建固体表面模型是一个非常重要的问题，但由于DPD粒子间采用了软的相互作用势，所以这又是一件很困难的事情。2005年，Pivkin和Karniadakis提出了一个行之有效的方法，在DPD中引入了没有滑移的固体墙边界条件（no-slip solid wall boundary conditions）[200]。模拟采用这种方法来构建固体表面。两层DPD粒子被固定在固体表面中，并且按照常规晶格点阵分布，粒子间的距离等于$\rho_w^{-1/3}$，在二维的条件下应为$\rho_w^{-1/2}$，根据文献设置$\rho_w = 3$为固体表面的粒子密度。为了避免由于软势的存在使得DPD流体粒子在碰撞固体墙时出现穿透现象，加入粒子镜面反弹的边界条件是非常有必要的[200-201]。表面粒子和流体粒子的相互作用包括保守力、耗散力和随机力，而且采用与流体粒子之间的作用力相同的计算方式。不过，依据文献［200］构建的固体表面附近虽然没有出现滑移现象，但是存在明显的密度涨落。Pivkin和Karniadakis于2006年提出了另一种方法，能够有效地控制表面附近的密度涨落[202]。必须指出，由于此密度涨落对所研究的问题没有影响，所以并未对固体表面模型加以改进。

5.1.1.3　保守力的相互作用参数α_{ij}

如表5-1所示，同种类型粒子之间的相互作用参数均为25.0，即：$\alpha_{P-P} = \alpha_{S-S} = \alpha_{NS-NS} = 25.0$。不同类型粒子之间，$\alpha_{P-S} = 25.0$表示高分子处于良溶剂环境中；令$\alpha_{S-NS} = 25.0$是为了保证溶剂与非溶剂之间能够很好地混合，不会分相。于是，高分子溶液中出现相分离的唯一诱因就是高分子与非溶剂分子之间的不相容性，这样方便后续对相分离程度的控制和测量。α_{P-NS}的选择是模拟中能够实现浸入沉淀过程的关键。很明显，要想使高分子与非溶剂分子发生相分离，它们之间的相互作用参数必须大于25.0。测试了25.0到60.0之间的α_{P-NS}值，发现当它比较小的时候，体系分相速度很慢而且不够清晰；当它很大的时候，非溶剂分子很难进入高分子溶液与溶剂分子进行交换，那么浸入沉淀过程就不可能发生。所以，模拟最终选择$\alpha_{P-NS} = 30.0$这一最合适的值，它不仅能够保证相分离过程顺利发生，而且分相速度也不会太慢。

表5-1　二维模型中各物质的保守力相互作用参数α_{ij}

α_{ij}	P	S	NS
P	25.0	25.0	30.0
S	25.0	25.0	25.0
NS	30.0	25.0	25.0

注：表中P代表高分子，S代表溶剂分子，NS代表非溶剂分子。

5.1.2　结果和讨论

设计了七种不同的体系分别进行6×10^6时间步数（DPD单位）的DPD模拟来实现浸入沉淀过程。各系统的具体参数全部列在表5-2中。通过系统地改变体系中高分子的链长、溶剂的尺寸、非溶剂的尺寸和数量研究它们对高分子膜的形成过程及形貌的影响。因为在模拟中设定了不同种物质的粒子大小是一样的，所以它们尺寸的相对差别只体现在各自链的长度上。另外，由高分子/溶剂/非溶剂的粒子数之比可以计算出它们各自的体积分数。因此，长链高分子（$N = 100$）的浓度明显比短链高分子（$N = 40$）的浓度大。

表5-2　七种不同模拟体系的模型参数

高分子链长N	模拟箱尺寸（$X \times Y$）	粒子数（P:S:NS）
	100×80	15000:6000:3000
	100×90	15000:6000:6000
100	100×100	15000:6000:9000
	100×110	15000:6000:12000
	100×50	6000:6000:3000
40	100×60	6000:6000:6000
	100×80	6000:6000:12000

注：表中P代表高分子，S代表溶剂分子，NS代表非溶剂分子。

5.1.2.1 改变高分子的链长带来的影响

通过对表5-2中的所有体系进行DPD模拟探讨了不同的高分子链长（不同相对分子质量）对浸入沉淀过程以及高分子膜形貌的影响。图5-1描述了以高分子链长100、模拟箱尺寸100×100的系统为例，DPD模拟得到的相分离过程。图中，灰色代表非溶剂，黑色代表构成膜的高分子链。为了清晰起见，忽略了溶剂分子。其他体系的模拟结果也与此类似。首先将已经构建好的均匀高分子溶液"浇铸"到固体墙的表面上，然后把它们一起浸入非溶剂浴中。由于体系中三种物质之间存在着很明显的化学势差别，所以单粒子的溶剂与非溶剂分子立刻开始相互扩散。通过比较相同时间内穿过平行于固体表面的单位面积上的溶剂与非溶剂的粒子数目，发现前者的数量大于后者，也就是说，溶剂比非溶剂扩散的速度更快。推测这种

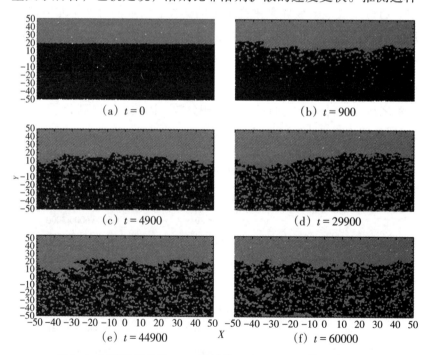

图5-1 以高分子链长100、模拟箱尺寸100×100的系统为例，
高分子/溶剂/非溶剂三元体系不同时刻的形貌

差别可能是由于体系中溶剂–非溶剂与高分子–非溶剂之间的相互作用参数不同造成的。在 DPD 中，$\alpha_{\text{S-NS}} = 25.0$ 意味着溶剂粒子可以在非溶剂相中自由扩散，就像在它自己的本体中一样；而 $\alpha_{\text{P-NS}} = 30.0$ 则表明非溶剂粒子在高分子相中扩散时会感受到一定的排斥作用。因此，溶剂粒子扩散进入非溶剂浴中比非溶剂粒子进入高分子相更加容易，也就导致了溶剂的扩散速度大于非溶剂的扩散速度。

由于 DPD 模型中采用的是软势，所以 DPD 粒子的扩散速度很快。而且，高分子溶液在浸入非溶剂浴后，它们之间存在着很大的化学势不平衡，从而使溶剂与非溶剂之间立刻发生相互扩散。非溶剂浴好像一个恒定持续的化学势泵一样，源源不断地推动着非溶剂粒子进入膜区域。这样，在溶剂与非溶剂互相交换的最前沿的薄层中非溶剂获得了足够大的局部浓度，它将高分子溶液的组成带入了"高分子/溶剂/非溶剂"三元体系相图的旋节线（spinodal curve）之内。综上所述，认为高分子溶液即时发生的相分离应该遵循亚稳极限相分离（spinodal decomposition）机理，类似于文献［185］和文献［186］中所阐述的瞬时分相。通过仔细观察模拟过程，发现在溶剂与非溶剂开始相互扩散后不久，膜上部界面附近的薄层中几个单独的小相区便开始接合了。之后随着越来越多的非溶剂粒子不断地进入膜中，使非溶剂与高分子之间的界面数目增加。当非溶剂粒子的扩散已经遍布整个膜区域时，可以得到分相后高分子膜中出现的最小相区。然后，系统为了降低自身总的自由能，倾向于不断减少不相容的两相之间的界面长度，即总的界面数目（界面张力）。因此在整个膜中，具有相似性质的小相区会互相接合，使相区增大。可以想象，如果模拟时间（t）足够长的话，从热力学的角度上来讲，体系最终会达到宏观相分离的平衡状态。为了验证这个直观的猜测，保持其他条件不变，任选几个系统进行了非常长时间的模拟测试，结果发现由于大量非溶剂粒子进入到膜区域中，最终导致高分子膜破损或断裂，尤其对于短链系统这种现象更为明显。必须指出，在膜破裂之前，相区增长的过程和形貌的变化是缓慢的，可以被看作"稳态"。因为本节的主要目的是研究依靠高分子溶液的相分离形成多孔的高分子膜的动力学过程，获得并控制多孔膜的结构，破损或断裂的膜并不是想要的。所以，没有必要耗费大量时间等待模拟达到最终的完全相分离状态。

为了定量地表征观察到的实验现象，利用标准的"broken bonds"规则[203]计算特征液滴尺寸。此规则定义特征尺寸为液滴区域密度的倒数，即$R = L^d/A(t)$，这里L^d是系统的"体积"，$A(t)$是两相界面的总"面积"。对于二维体系，公式变为$R = L^2/(N_x + N_y)$，其中N_x和N_y分别是"broken bonds"在X和Y方向上的数目即相邻位置上具有相反符号的有序参数ψ的对数，$\psi(r) = \varphi_A(r) - \varphi_B(r)$，$\varphi_A(r)$和$\varphi_B(r)$分别代表高分子和非溶剂的局部体积分数。这种方法能够监测体系中相分离进行的程度。为了避免系统边界以及非溶剂浴和高分子相原有的界面所带来的影响，只将那些位于模拟空间中部的正方形区域中的"bonds"计算在内[204]。长链（$N = 100$）和短链（$N = 40$）高分子体系中的特征结构尺寸（domain size）随时间的变化规律分别展示在图5-2和图5-3中。

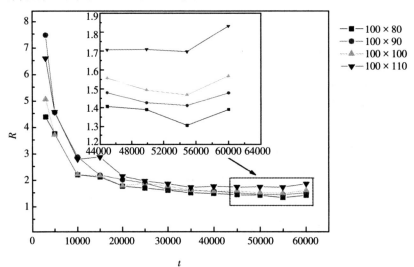

图5-2　在高分子链长为100，溶剂与非溶剂都为单粒子分子的体系中，特征结构尺寸R随时间变化的曲线

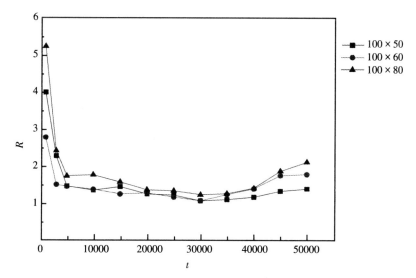

图5-3　在高分子链长为40，溶剂与非溶剂都为单粒子分子的体系中，特征结构尺寸R随时间变化的曲线

可以看出特征结构尺寸R随着模拟时间变化的趋势是相似的。根据R的定义，它先减小后增大，表示高分子与非溶剂之间的相界面数目先增多后减少。R的最小值对应的是不相容的两相出现最多相界面时的状态。当系统达到最终平衡状态时，R将会趋近于一个很大的值，即完全相分离。但是如前所述，此时高分子膜已经破裂了。因此，只截取膜破裂之前一段固定的模拟时间作为研究对象。比较图5-2和图5-3中具有相同非溶剂量的曲线，可以发现将相同时刻短链高分子系统中的R与长链系统的值相比，前者是先小于后大于后者。这个结论与文献［191］中的结果一致，即高分子浓度升高会抑制膜上特征结构的大小。而且，前者（$N=40$）的R值是从$t=29900$开始增大，而后者（$N=100$）的R值却是从$t=54900$才开始增大。以上结果都表明短链系统相区增长的过程发生得更快一些。这可能是由于短链高分子具有比较小的相对分子质量，能够很快地松弛和扩散。高分子相迅速地调整自身的局部结构，使得溶剂分子扩散出去后留下的空隙缩小，从而导致短链系统的R值首先减小，随后发生的是常规的相分离过程。所以，由于高分子链短时相对分子质量比较小，$N=40$ 的体系从前期亚稳极限相分离的发生到后期相区增长的过程都比 $N=100$ 的更快。

5.1.2.2　改变溶剂的尺寸带来的影响

在本小节中，采用了和上一小节中相同的模拟流程，只是将溶剂的尺寸由单粒子分子增大到含有十个粒子的链状分子。为了保证此时体系中模拟的总粒子数目与单粒子溶剂时的情况相同，所以相应地减少了溶剂的分子数目。模拟结果表明体系中相分离的现象和膜形貌的变化都与上一小节中基本类似。在长链（$N=100$）和短链（$N=40$）高分子以及链状溶剂分子组成的体系中，特征结构尺寸 R 随时间的变化规律分别由图 5-4 和图 5-5 给出。将它们直接与图 5-2 和图 5-3 中的曲线进行比较，发现此时体系前期的亚稳极限相分离和后期的相区增长过程发生的速度更快。这可能是因为链状溶剂分子扩散出去之后留下了比较大的空隙，更有利于外面的非溶剂粒子进入高分子溶液。尤其对于 $N=40$ 的体系，这种现象更为明显，膜在 $t>24900$ 时就已经破裂了，即进入了宏观相分离的阶段。

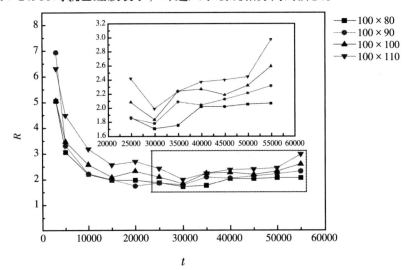

图 5-4　在高分子链长为 100，溶剂为链状分子，非溶剂为单粒子分子的体系中，特征结构尺寸 R 随时间变化的曲线

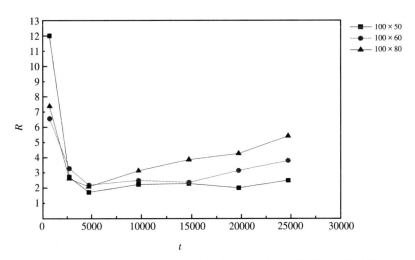

图5-5 在高分子链长为40，溶剂为链状分子，非溶剂为单粒子分子的体系中，特征结构尺寸R随时间变化的曲线

对于溶剂尺寸不同的体系，R随着时间t变化的趋势是相似的。但是在同样长度的高分子链和相同模拟时刻的条件下比较R的值，可以发现除了曲线初期没有可比性以外，溶剂尺寸增大会导致R值增大。而且，R的最小值出现的时间也比单粒子溶剂时要早。这些结果表明在保持其他条件不变的情况下，仅仅改变体系中溶剂的尺寸也可以对浸入沉淀的动力学过程及高分子膜的最终形貌产生影响。另外，将图5-4和图5-5进行比较，短链系统比长链系统相区增长的速度快是显而易见的，和上一小节中阐述的结论一致。

5.1.2.3 改变非溶剂的尺寸和数量带来的影响

在上一小节中研究了溶剂尺寸的变化对液体相分离过程和膜形貌所带来的影响。那么如果保持溶剂的大小不变而只改变非溶剂的尺寸，又会发生什么呢？再次采用5.1.2.1节中的模拟流程，只是将非溶剂分子由单粒子增大为含有十个粒子的链状分子。结果发现，溶剂分子仍然能够扩散出去，但是非溶剂分子却很难进入高分子溶液，致使整个浸入沉淀过程无法实现。进一步缩短非溶剂的链长为

5，发现依然只有少数非溶剂分子能够进入高分子膜中，还是无法发生大规模相分离。这也许是由于溶剂与非溶剂分子的尺寸不相匹配，所以二者才不能发生交换取代。为了验证这个猜测，对溶剂和非溶剂的链长都为5或者10的体系进行重新模拟，但是仍然没有得到想要的结果。溶剂分子可以扩散到非溶剂浴中，但非溶剂分子却不能够扩散进入高分子区域，最终导致溶剂与非溶剂之间的相互交换以及后续的相分离过程都无法顺利进行。所以，在高分子/溶剂/非溶剂三元体系中，非溶剂的尺寸是一个非常重要的物理参数，对浸入沉淀过程的发生有着显著的影响。

表5-3　溶剂尺寸不同的系统中最终得到的特征结构尺寸R

高分子链长N	模拟箱尺寸（$X \times Y$）	$R_{单粒子溶剂}$	$R_{链状溶剂}$
	100×80	1.39	2.08
	100×90	1.47	2.33
100	100×100	1.56	2.60
	100×110	1.83	2.98
	100×50	1.41	2.48
40	100×60	1.80	3.79
	100×80	2.13	5.40

通过对图5-2至图5-5的分析，还可以得到增加非溶剂粒子的数量对体系的影响。模拟箱尺寸不同意味着它们含有的非溶剂粒子的数量不同。对比各图中的曲线能够发现，在同一模拟时刻，特征结构尺寸随着非溶剂量的增加而增大。特别是在后期R增长的过程中，这个趋势尤为明显。此结论与膜制备相关文献中的结果完全一致，即非溶剂的体积分数越高，高分子膜的多孔性越好[191-192, 195]。而且，增加非溶剂的量实际上意味着降低体系中高分子和溶剂的浓度。文献中也指出降低高分子或者溶剂的浓度有利于增大膜上孔的尺寸。这是由于模拟箱的尺寸不同，引起三元体系中各组分之间的化学势差也随之改变。可以想象一下，如果系统中有无穷多的非溶

剂，那么非溶剂浴就会像一个恒定不变的"化学势泵"一样不停地工作，推动着非溶剂粒子持续不断地进入高分子溶液。在工业生产中，人们需要在节约生产时间和浪费原材料之间取得平衡，以此作为非溶剂量的使用标准。图5-2至图5-5中所有曲线最终的 R 值全部列在表5-3中。

>>> 5.2　应用物理沉积的方法在不同底物上制备致密的高分子膜

致密的高分子膜通常被用来作为物质的"保护涂层"，能够改善物质的硬度，减小摩擦力，以及提供更好的抗氧化性[113-115]，因此，主要被应用于宇宙航空、汽车自动化和手术医疗等方面。此外，使用多层膜的典型范例之一是医药工业中通过在膜的各层之间构建物理屏障来控制层间的物质扩散，从而达到将药物输运分多次、持续进行的目的[205]。

随着现代科学技术的进步，应用物理和化学的方法在不同的底物上制备单层和多层的高分子膜已经成为可能，例如，物理气相沉积和交替气相沉积聚合方法（physical vapor deposition and alternating vapor deposition polymerization）[206]、分子束外延附生（molecular beam epitaxy）[207]、自组装单层膜（self-assembled monolayers）[208]、逐层自组装技术（layer-by-layer self-assembly technique）[209-210]、电化学沉积方法（electrochemical deposition）[211]，等等。物理沉积的主要优势在于：首先，物质沉积后改善了底物的性质，但不改变其原子结构；其次，整个过程相对于某些化学方法来说，对环境危害小，更加环保。

为了精确地控制膜的结构从而获得更好的工业用途，充分理解利用物理沉积方法制备致密高分子膜的基本过程和机理，并研究一些基本参数带来的影响是非常有必要的。在本节中，应用介观尺度的耗散粒子动力学（DPD）方法模拟了由于高分子溶液的相分离以及底物表面的吸附作用诱导发生的物理沉积制备致密的单层和多层膜的过程。DPD由于采用了软的相互作用势,使得模拟可以覆盖几十纳米到几十微米的多样空间尺度,并且能够呈现出超过1 ms的时间尺度上的动力学现象[196]。在文献[14]中,Groot和Warren成功地将DPD模型与Flory-Huggins理论相结合,推导出DPD中不同类型粒子之间的排斥相互作用参数与Flory-Huggins理论中的参数χ成正比。所以,DPD模型也能够体现出与Flory-Huggins理论对聚合物相互作用的描述一致的排斥体积效应。综上所述,DPD方法适用于所要研究的体系。

对于单层膜沉积,分析了高分子的浓度和链长、溶剂的性质以及各种物质之间的相互作用强度对不同底物上膜的沉积过程和形貌的影响。基于这些模拟结果,设计出一种类似于"化学滴定"的循环沉积过程,能够使在非选择性的底物表面上沉积出的高分子膜与在有选择性的底物上制备的膜具有同样的致密程度。而且,对于多层膜沉积,通过采用简单交联的网络结构作为屏障来阻碍层间扩散的发生,使得不同的膜层可以直接逐层沉积,同时又能保持各层膜自身结构和性质的稳定[205]。因为通过制备纳米级的涂层能够控制多药物从处于生理学环境中的任何组成成分或几何形状的表面出发持续不断释放的进度,所以以上结果可能会对高分子膜在药物输运方面的重要应用有一定的帮助。

5.2.1　模拟方法和模型构建

关于耗散粒子动力学的原理部分和基本参数的选择可以参考本书2.2节。

关于积分算法中可调参数λ和Δt的选择以及固体表面的构建方法可以参考本书5.1.1.1节。

整个模拟中唯一的可调参数是保守力相互作用参数α_{ij}。同种类型粒子之间的相互作用参数均设为25,不同类型粒子之间的相互作用参数会在下面涉及的章节中给出。

用于构建高分子链的弹簧$\boldsymbol{F}_i^s = -C\boldsymbol{r}_{ij}$,弹簧系数$C = 4^{[14,54]}$。在二

维模拟中，对应单层和多层膜沉积的体系，模拟箱的尺寸分别为60×60和100×100。在箱子Y方向的上下边界处分别构建了两个固体表面，因此周期性边界条件只施加在箱子的X方向上。

5.2.2　结果和讨论

系统地改变体系中高分子的浓度（Φ）和链长（N）、溶剂的性质（$\alpha_{so\text{-}p}$），以及高分子溶液与固体表面之间的作用强度（$\alpha_{p\text{-}su}$和$\alpha_{so\text{-}su}$）来研究它们对在非选择性和选择性的底物上沉积单层膜的动态过程和机理的影响。模型的具体参数列在表5-4中。模拟结果可以通过沉积膜的厚度和形状、高分子溶液的相分离动力学以及高分子聚集体与底物表面构成的接触角（θ）进行表征。

表5-4　模拟中所有体系的参数信息

	模型参数	Φ	N	$\alpha_{so\text{-}p}$	$\alpha_{p\text{-}su}$	$\alpha_{so\text{-}su}$
单层膜	非选择性底物	9.26%, 27.78%, 46.30%, 64.82%	20, 50	30, 40, 50, 60	10.8	10.8
	选择性底物	9.26%, 27.78%, 46.30%, 64.82%	20	30, 40, 50, 60	0	10.8
多层膜	模型参数	d	N	$\alpha_{AA}=\alpha_{BB}=\alpha_{AB}$ $\alpha_{so\text{-}A}=\alpha_{so\text{-}B}$ $\alpha_{n\text{-}A}=\alpha_{n\text{-}B}$	$\alpha_{n\text{-}p}$	$\alpha_{n\text{-}so}$
	在真空和溶液中	10, 5	20~140	25	10~30	10

注：表中p代表高分子，so代表溶剂，su代表表面，n代表网络结构，A和B分别表示两种不同的高分子。

5.2.2.1　非选择性底物的体系

将$\alpha_{p\text{-}su}$和$\alpha_{so\text{-}su}$的值都取为10.8，因此表面对高分子和溶剂的作用强度是相同的，无选择性。模拟中首先令高分子的链长$N=20$。图5-6给出了在坏溶剂环境中（$\alpha_{so\text{-}p}=60$），浓度为$\Phi=9.26\%$，27.78%，46.30%，64.82%的高分子溶液（对应的高分子链的数目分别为50，150，250，350）经过1.5×10^7时间步数的DPD模拟之后得到的沉积物的最终形貌。其中，黑色部分代表高分子链，溶剂分子被隐藏在白色区域中。很明显，在低浓度的条件下，沉积在非选择性底物上的高分子聚集体呈现近似的半圆形状，如图5-6（a）（b）所示。事实上，高分子沉积物的形状并非标准的半圆形，这一点可以由其与底物表面构成的接触角θ的大小得到证实，如5-6（a）中的插图所示。若高分子沉积物为规则的半圆形结构，那么θ应该是90°，但是图中θ却显示120°左右，所以此时的形状应该被称为大半个圆才对。这对应着高分子吸附在非选择性表面上时发生的去湿现象（dewetting phenomena）[77,92-93]。当Φ增大时，更多高分子链沉积到底物上，最终形成一内含溶剂相的单层薄膜，如图5-6（c）（d）所

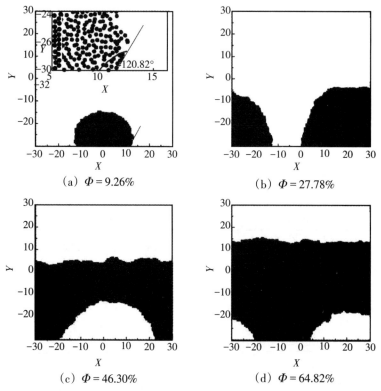

（a）$\Phi = 9.26\%$　　　　　　（b）$\Phi = 27.78\%$

（c）$\Phi = 46.30\%$　　　　　　（d）$\Phi = 64.82\%$

图5-6　在高分子链长为20，模拟箱尺寸为60×60的条件下，
高分子/溶剂二元体系的沉积膜最终形貌

示。因为高分子和溶剂两相之间存在着很强的排斥相互作用，所以高分子膜中的溶剂粒子想要冲出去与外面的溶剂相融合就要打破原来的相界面，这需要越过很大的自由能能垒，是非常困难的。因此，这小部分溶剂会一直稳定地停留在膜中，并且为了尽可能地减小体系的界面张力，溶剂相还会保持着近似半圆形状的结构以获得最小的相界面。

以具有最低和最高的高分子浓度$\Phi = 9.26\%$和$\Phi = 64.82\%$的体系为例，图5-7和图5-8分别给出了若干个很有代表性的实物图像（snapshots），描述了伴随着高分子溶液相分离发生的膜沉积过程。就高分子溶液的液–液相分离而言，一般考虑两种不同的机理：成核生长（nucleation and growth，NG）和亚稳极限相分离（spinodal decomposition，SD）机理[110, 212-213]。当体系离开热力学稳定区域缓慢进

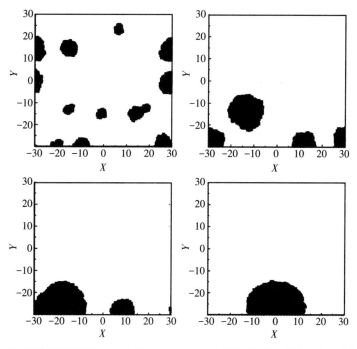

图5-7　在高分子浓度$\Phi = 9.26\%$、$\alpha_{so-p} = 60$、非选择性底物的体系中，伴随着液–液相分离发生的高分子膜的沉积过程

入相图中双结点曲线（binodal curve）和旋节线（spinodal curve）之间的亚稳区域时，此时发生的相分离遵循NG机理。而SD机理通常发生在由于快速淬火作用直接进入旋节线内部两相区域的体系中。如图5-7和图5-8所示，模拟中所发生的相分离应该是遵循SD机理进行的。在SD的初期，几个单独的小相区会同时出现在高分子溶液中。随着模拟时间的推移，这些相同性质的小相区开始接合，使相区不断增长壮大（domain coarsening），相应地减小了体系的界面张力和总的自由能。最终，所有高分子链都被沉积到固体底物的表面上。

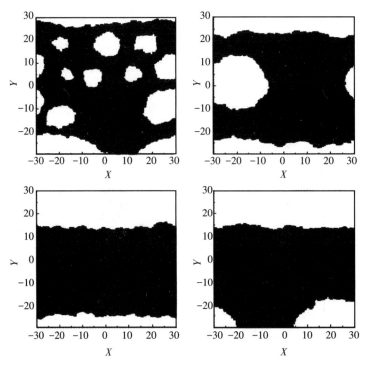

图5-8　在高分子浓度$\Phi = 64.82\%$、$\alpha_{so\text{-}p} = 60$、非选择性底物的体系中，伴随着液-液相分离发生的高分子膜的沉积过程

另外，基于Flory-Huggins理论构建本节中二元体系的相图也很容易[214]。图5-9给出了依据表5-4中的模型参数绘制出的二元相图。根据文献 [14]，参数χ可以由其与DPD模拟中相互作用参数α_{ij}的关系估算出，α_{ij} 大会导致 χ 值很大。通过仔细核对图 5-9，可以确认在本节所选取的高分子浓度的条件下，大的 χ 值会将高分子溶液的组成带入二元体系相图的 spinodal curve 之内，因此即时发生的相分离应该遵循亚稳极限相分离（SD）机理。同时，还考虑了通过调整 $\alpha_{so-p} =$ 30，40，50 改变溶剂性质之后的模拟情况，得到的结果和规律与 $\alpha_{so-p} =$ 60 时一致。不过，随着 α_{so-p} 的增大，分相和沉积过程发生得更快，且高分子膜与溶剂相之间的界面也会变得更加平整。

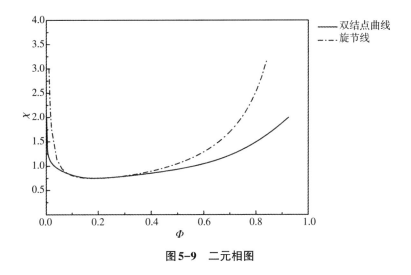

图 5-9　二元相图

　　基于上面的模拟结果，进一步考虑怎样能够使高分子链在底物上更快、更好地沉积下来。其中一个可行的办法是采用对高分子具有吸引作用的选择性底物来代替非选择性底物作为沉积表面。

5.2.2.2　选择性底物的体系

　　在本节中，采用与 5.2.2.1 节相同的模拟流程，只是将 α_{p-su} 由 10.8 减小为 0，这样可以使底物表面对高分子链产生有选择性的吸附。仍然以具有最低（$\Phi = 9.26\%$）和最高（$\Phi = 64.82\%$）的高分子浓度的体系为例，分别进行 4×10^6 时间步数的 DPD 模拟。在外界环境为坏溶剂（$\alpha_{so-p} = 60$）的条件下，高分子沉积随时间的变化过程分别展示在图5-10和图5-11中。相分离依然遵循SD机理。如图5-10所示，在SD初期，靠近表面的高分子链率先被强吸附，形成一薄层的高分子膜。与此同时，距离表面比较远的高分子链部分聚在一起形成一些小的相区散布在溶液中。随着模拟时间的增加，这些小相区不断接合增大，最终聚集成一个较大的高分子相。之后，它会被整体吸附到表面上，高分子链在很窄的吸附区域内水平扩散，直至形成一层非常平滑且致密的薄膜。

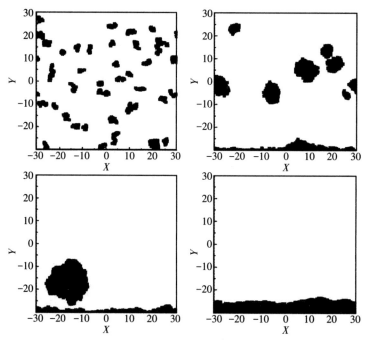

图5-10 在高分子浓度$\Phi = 9.26\%$、$\alpha_{so-p} = 60$、选择性底物的体系中，伴随着液-液相分离发生的高分子膜的沉积过程

如图5-11所示，对于高分子浓度比较高的体系，发现在分相初期有一些溶剂的小相区分布在高分子膜区域中，后续的分相和沉积过程与图5-8类似。不过，由于表面对高分子有选择性地吸附，所以膜内部的溶剂相能够很容易地打破它们之间的界面，融合到外面的溶剂环境中去，从而最终可以得到非常完美的致密高分子膜。这主要应归因于表面对高分子的选择性吸附作用为体系的相分离提供了

一个额外的热力学驱动力，使之能够越过上一小节中提到的那个很大的能垒。针对具有不同的Φ和$\alpha_{so\text{-}p}$的体系，模拟得到的结果相似，只是当$\alpha_{so\text{-}p}$增大时，溶液中相分离和沉积过程发生速度更快，且高分子膜与溶剂相之间的界面也会更加平整。

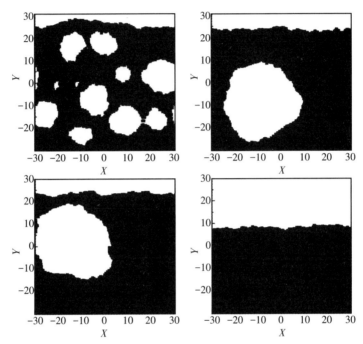

图5-11　在高分子浓度$\Phi=64.82\%$、$\alpha_{so\text{-}p}=60$、选择性底物的体系中，伴随着液-液相分离发生的高分子膜的沉积过程

5.2.2.3　改善在非选择性底物上得到的沉积膜的形貌

作为保护层，膜的形貌对其应用是至关重要的。如前两小节所述，若底物能够有选择性地吸附高分子链，那么最终平衡时将会得到很平滑且不含溶剂杂质的薄膜。但是在非选择性底物上沉积出的高分子膜中仍然存在着一些溶剂相，当膜经过烘干处理后，得到的非致密的形貌可能会降低膜的防护能力。因此，需要找出一种切实有效的方法来改善非选择性底物上制备的高分子膜的形貌。

设计了一种类似于"化学滴定"过程的循环沉积方法，能够在很大程度上改善采用非选择性底物得到的膜的形貌。以高分子浓度为 $\Phi = 64.82\%$ 的体系为例，此时体系中含有350条长度 $N = 20$ 的链。在滴定过程中，将350条链分7次，每次50条链作为一个高分子"液滴"，在不同的模拟阶段逐滴加入溶液中。假设此液滴一进入溶液就立刻分散开来，同时为了保证模型中的总粒子数不变，随着液滴的加入，相应地去掉随机选择的相同数目的溶剂粒子。第一次滴定之后，经过 2×10^6 时间步数的DPD模拟，得到了与图5-6（a）中相似的沉积形貌。接着，每隔 2×10^6 时间步数按照上述办法循环滴定一次，直到350条链全部被滴入体系中为止。因为所采用的模拟参数并没有变化，所以通过这种方法得到的高分子膜的最终形貌可以直接被用来与图5-6（d）中的结果进行对比。

图5-12给出了在坏溶剂环境 $\alpha_{so-p} = 60$ 中整个循环滴定的动态过程。如图5-12（a）至（d）所示，首先被滴入的高分子链会逐渐聚集到底表面上呈现出近似的半圆形状，随着滴定次数的增加，当体系中高分子链的数目达到250条时，沉积物的形状由最初很大的半圆结构［见图5-12（e）］慢慢转变为水平的层状薄膜［见图5-12（f）］。由于吸附量增加引起的沉积物形貌的变化可以定性地与文献［215］中的部分结果进行对照。不过，在高分子膜里面与固体表面接触的边界上仍然存在着一个很小的半圆形溶剂相，但是比图5-6（d）中的小很多。分析沉积物形貌转变的原因，认为它是由热力学因素驱动的，即体系总是想要尽可能地降低高分子-溶剂两相之间的界面张力。转变初期高分子聚集体只是在形状上有些波动，当波动过程中半圆的水平直径的两端能够接触到对方时，它们就会连接在一起，促进沉积物向薄膜的转变，且最终只在连接点位置的下方残留了很少量的溶剂。此后再被滴入的高分子链就只是用于增加沉积膜的厚度了。整个过程共经历了 1.4×10^7 时间步数的模拟，得到的高分子膜的最终形貌与图5-12（f）相似，只是厚度上有所差异。将它与图5-6（d）对比后发现，在非选择性底物的体系中，采用这种循环滴定的方法可以在相对较短的时间内制备出致密程度更好的沉积膜。

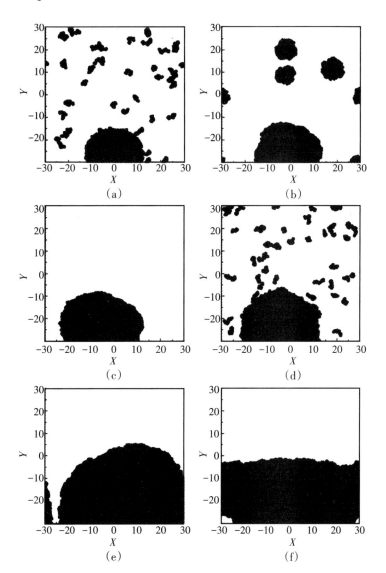

图5-12　在坏溶剂环境$\alpha_{so-p}=60$、非选择性底物的体系中，随着时间变化的循环滴定过程中有代表性的滴定步骤

对高分子的链长N对膜沉积的动态过程和最终形貌的影响进行了研究。将滴定过程中每次加入体系的高分子"液滴"换作含有20条长度$N=50$的链，这样可以保证每次滴加的总粒子数与前面的模拟相同。经过对比，发现膜形成的动力学与$N=20$时是一样的。但是，在第一次滴定之后，沉积得到的半圆形高分子聚集体与表面之间的接触角变大了，为135°左右，这主要归因于更长的高分子链吸附时会引起更大的耗尽效应。沉积物由半圆形结构向层状膜的转变仍然在加入体系中的高分子粒子数目达到5000时发生，只是需要更长的模拟时间才能被观察到。这是由于长链高分子的相对分子质量大，导致横向的扩散速度减慢。但是链长的不同对采用此循环滴定过程制备出的膜的最终形貌没有什么影响。

5.2.2.4　通过引入简单网络模型控制多层膜的制备

由几层不同组分构成的多层膜凭借其更好的保护性和功能性被广泛地应用于工业生产中。但是如果不同层内的组分在热力学上是容易互混的，那么它们就会发生层间扩散，从而导致多层膜的保护能力或功能性大大降低。因此，如何保持不同层含有易混溶组分的薄膜的多层结构稳定性对多层膜在工业中的应用具有重要意义。多层高分子膜的模型参数也列在表5-4中。最简单的多层膜包含两种不同的单层，分别称它们为A和B。应用这种最简单的模型进行模拟可以很容易地找出能够控制膜层间扩散的影响因素。在底物表面上建立了一个A/B双层膜体系，其中A与B是直接相接触的。令相同类型粒子之间的相互作用参数 $\alpha_{AA} = \alpha_{BB} = 25$，不同类型粒子间的 α_{AB} 也为25，以保证A和B能够完全互混。经过很短时间的模拟，A和B果然均匀地混合在一起了。为了阻止这种层间扩散的发生，通过一些化学办法可以将初始模型中A层物质靠近A/B界面附近的那一部分交联成规则的网络结构，仅由唯一的参数 d（表示两个相邻的网络交叉连接点之间的化学键的数目）定义其拓扑布局[216]。设定该网络的 $d =$ 10，包含9层A物质，共计3240个粒子。再以此初始构型重新进行 6×10^6 时间步数的DPD模拟，结果发现只有很少几条A和B的高分子链能够穿过网络屏障扩散到对方的层中去。这意味着通过化学方法固定A/B组分的界面，能够在很大程度上抑制层间扩散的发生。

不过有的时候，A或B可能不是那么容易交联聚合成网络结构，那么此时就需要额外引入一种由C物质构成的网状薄膜来维持多层膜的结构和形貌的稳定。对于网络C来说，组分A/B就如同它外界的溶剂环境一样。为了阐明高分子A（或B）与网络C之间的亲和力不同所带来的影响，系统地调节它们之间的相互作用参数$\alpha_{n\text{-}p}$在10~30内变化。如果A和B相对于C是坏溶剂，那么网络结构会被大大地压缩成非常致密的单层，导致高分子链无法进入C中。相反，当A和B是C的好溶剂时，网络很容易被它们溶胀，使得越来越多的高分子链能够在C中出现，此时网络结构对各层间界面的固定作用会大幅度地减弱。另外，若$\alpha_{n\text{-}p} = 10$，即使d减小为5或者A/B的N由20增加至140，也不能够阻止大量的高分子链进入网络C中。综上所述，参数$\alpha_{n\text{-}p}$是模拟中影响网络层结构最关键的因素。换句话说，必须要很好地控制网络屏障与高分子组分之间的亲和力，才能制备出轮廓分明的多层高分子膜。

因为膜的沉积大多数都发生在溶液中，所以也探讨了溶剂对三元体系"高分子A/网络结构/高分子B"多层膜的形貌带来的影响。经过8×10^6时间步数的DPD模拟，坏溶剂能够明显地对网络产生进一步压缩，在A和B两层间形成一个致密且固定的界面，所以网络的阻碍效果并没有太大变化。反之，如果对于膜的组分来说外界属于好溶剂环境，那么溶剂粒子的扩散可以遍布整个体系，如图5-13所示。图中，凭借简单交联的网络屏障成功地阻隔了多层膜中易混溶组分A/B的层间扩散。上层（○）和下层（△）分别代表高分子A和B层，中间黑色表示它们之间的网络屏障，中间灰色（◇）代表单粒子溶剂。网状层被溶剂溶胀后的格子结构非常明显。在本次模拟中，令溶剂与网络之间的相互作用参数$\alpha_{n\text{-}so} = 10$，而其他作用参数全部设置为25。可以发现网络层由于完全被溶剂溶胀，厚度已由40增至50，从而使得所有高分子链的扩散都无法穿越如此厚的网状屏障。通过上述方式，运用简单交联的网络结构作为屏障，能够有效地控制多层膜中易混溶组分A/B的层间扩散。

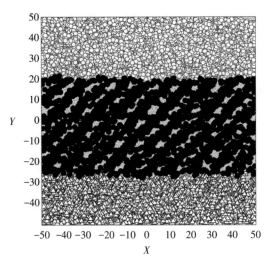

图5-13　对"高分子A/网络结构/高分子B/溶剂"四元体系模拟得到的最终平衡状态图

>>> 5.3　本章小结

　　本章中，采用介观尺度的耗散粒子动力学模拟方法研究了多孔型和致密型高分子膜的制备过程、主控因素和机理。

　　浸入沉淀方法是一种基于"高分子/溶剂/非溶剂"三元系统的热力学不稳定性的相转化过程。针对应用浸入沉淀相转化方法制备多孔膜的形成过程，计算结果表明高分子链长和溶剂环境具有重要的影响，膜形成过程符合前期从膜表面开始的亚稳极限相分离和后期相区增长的动力学机理。

　　将一薄层高分子溶液浸入非溶剂浴中，溶剂和非溶剂分子立即开始相互扩散-交换，亚稳极限相分离发生。随着时间的推移，伴随着非溶剂分子源源不断地进入高分子溶液，高分子与非溶剂这两个不相容相之间的界面数也不断增加。当高分子区域中小相区的数目达到最大后，由界面张力驱动的流体动力学促使性质相近的小相区互相接合。这种相区增长的过程主要是为了尽可能地减少整个体系中的界面数目，降低界面自由能。本质上，相图和相态都是由热力学控制的。从热力学的角度来说，相区增长会一直继续下去，直至达到宏观相分离平衡，此时溶剂粒子在高分子相和非溶剂相中都有适当的分布。但是，由本章的模拟结果可知，相区增长是一个很缓慢的过程，这个阶段的相态可以被看作稳态。本章中短链体系膜破裂的现象反映出平衡相分离的趋势，这主要归因于高分子链较短时拥有较快的扩散速度和较少的局部缠结。

本章通过定量地计算特征结构尺寸 R 阐明了高分子的链长、溶剂的尺寸以及非溶剂的尺寸和数量对多孔膜的形成和结构形貌的影响。R 是时间的函数，随着时间的演化，先减小后增大，正好对应着高分子–非溶剂界面数目先增多后减少的变化趋势。而且，短链体系因为相对分子质量小，所以从前期的亚稳极限相分离到后期的相区增长发生的速度都比长链体系快。当增大溶剂分子的尺寸时，R 随之增大；反之，当增大非溶剂分子的尺寸时，非溶剂无法扩散进入高分子溶液从而达到与溶剂交换的目的，致使相分离不能进行。另外，降低高分子或溶剂的浓度，或者增加非溶剂的用量都能够使 R 增大，在后期的相区增长过程中尤为明显。

针对在不同性质的底物上通过物理吸附作用沉积得到单层和多层的致密高分子膜的过程，计算结果表明高分子浓度、溶剂条件以及表面吸附的选择性都对膜沉积的形貌和动力学有影响。而且设计出一种类似"化学滴定"的循环沉积方法，能够有效地改善高分子链在非选择性底物表面上吸附之后形成的沉积膜的品质。针对单层膜沉积的体系得到了一些有关膜形貌特征及变化的结论，可以与文献 [215] 中的部分结果进行定性比较，规律一致。此外，本章还着重阐述了应用网络结构作为屏障，制备含有两种易混溶高分子 A 和 B 但界面清晰的多层膜的方法。介于 A 和 B 之间的网状屏障能够非常有效地控制高分子链的层间扩散，保证多层膜具有良好的保护性和功能性。

本章中使用的都是二维 DPD 模型，但是真实的物理体系都是三维的。尽管如此，这里给出的定性和定量的结论对处理一些类似的系统也能起到一定的帮助作用。针对高分子膜的形成动力学的全新理解可以为实验上制备高质量的多孔膜和致密沉积膜提供一些指导。

参考文献

［1］　ALLEN M P,TILDESLEY D J.Computer simulation of liquids［M］. Oxford:Clarendon Press,1987.

［2］　FRENKEL D,SMIT B.Understanding molecular simulation:from algorithms to applications［M］. San Diego:Academic Press,2001.

［3］　LEACH A R.Molecular modelling:principles and applications［M］. 2nd ed. Englewood Cliffs:Prentice-Hall,2001.

［4］　陈敏伯. 计算化学:从理论化学到分子模拟［M］. 北京:科学出版社,2009.

［5］　WILSON S. Chemistry by computer［M］. New York:Plenum Press, 1986.

［6］　SLATER J C. Quantum theory of molecular and solids［M］. New York:McGraw-Hill,1974.

［7］　CLEMENTI E,CORONGIU G,BHATTACHARYA D,et al.Selected topics in ab initio computational chemistry in both very small and very large chemical systems［J］. Chem. Rev.,1991,91(5):679-699.

［8］　LIU T W.Flexible polymer chain dynamics and rheological properties in steady flows［J］. J. Chem. Phys.,1989,90(10):5826-5842.

［9］　ZYLKA W,ÖTTINGER H C.A comparison between simulations and various approximations for hookean dumbbells with hydrodynamic interaction［J］. J. Chem. Phys.,1989,90(1):474-480.

［10］　GRASSIA P,HINCH E J.Computer simulations of polymer chain relaxation via Brownian motion [J]. J. Fluid Mech., 1996, 308: 255-288.

[11] DOYLE P S, SHAQFEH E S G, GAST A P. Dynamic simulation of freely draining flexible polymers in steady linear flows [J]. J. Fluid Mech., 1997, 334: 251-291.

[12] HOOGERBRUGGE P J, KOELMAN J M V A. Simulating microscopic hydrodynamic phenomena with dissipative particle dynamics [J]. Europhys. Lett., 1992, 19(3): 155-160.

[13] ESPAÑOL P, WARREN P B. Statistical mechanics of dissipative particle dynamics [J]. Europhys. Lett., 1995, 30(4): 191-196.

[14] GROOT R D, WARREN P B. Dissipative particle dynamics: bridging the gap between atomistic and mesoscopic simulation [J]. J. Chem. Phys., 1997, 107(11): 4423-4435.

[15] CHEN S, DOOLEN G D. Lattice Boltzmann method for fluid flows [J]. Annu. Rev. Fluid Mech., 1998, 30(1): 329-364.

[16] FRAAIJE J G E M, VAN VLIMMEREN B A C, MAURITS N M, et al. The dynamic mean-field density functional method and its application to the mesoscopic dynamics of quenched block copolymer melts [J]. J. Chem. Phys., 1997, 106(10): 4260-4269.

[17] VAN VLIMMEREN B A C, MAURITS N M, ZVELINDOVSKY A V, et al. Simulation of 3D mesoscale structure formation in concentrated aqueous solution of the triblock polymer surfactants (ethylene oxide)$_{13}$(propylene oxide)$_{30}$(ethylene oxide)$_{13}$ and (propylene oxide)$_{19}$(ethylene oxide)$_{33}$(propylene oxide)$_{19}$. Application of dynamic mean-field density functional theory [J]. Macromolecules, 1999, 32(3): 646-656.

[18] FREDRICKSON G H, GANESAN V, DROLET F. Field-theoretic computer simulation methods for polymers and complex fluids [J]. Macromolecules, 2002, 35(1): 16-39.

[19] JOHN D, ANDERSON J R. Computational fluid dynamics: the basics with applications[M]. New York: McGraw-Hill, 1995.

[20] ZHANG W, PENG J, HUA W, et al. Architecting amorphous vanadium oxide/MXene nanohybrid via tunable anodic oxidation for high-performance sodium-ion batteries[J]. Adv. Energy Mater., 2021, 11(22): 2100757.

[21] LAN X, CUI J, ZHANG X, et al. Boosting reversibility and stability of Li storage in SnO_2-Mo Multilayers: Introduction of interfacial oxygen redistribution[J]. Adv. Mater., 2022, 34(9): 2106366.

[22] WANG X L, WU M, DING J, et al. Periodic density functional theory study on the interaction mode and mechanism of typical additives with TiO_2 substrates for dye-sensitized solar cell applications [J]. J. Power Sources, 2014, 246: 10-18.

[23] LIAN P, LI Y, Li H, et al. A DFT study on the structure and property of novel nitroimidazole derivatives as high energy density materials[J]. Comput. Theor. Chem., 2017, 1118: 39-44.

[24] YAN G J, WU Q, HU Q N, et al. Theoretical design of novel high energy metal complexes based on two complementary oxygen-rich mixed ligands of 4-amino-4H-1, 2, 4-triazole-3, 5-diol and 1, 1′-dinitramino-5, 5′-bistetrazole[J]. J. Mol. Model., 2019, 25(11): 340.

[25] HEIMEL G. The optical signature of charges in conjugated polymers[J]. ACS Cent. Sci., 2016, 2(5): 309-315.

[26] VOSS M G, CHALLA J R, SCHOLES D T, et al. Driving force and optical signatures of bipolaron formation in chemically doped conjugated polymers[J]. Adv. Mater., 2020, 33(3): 2000228.

[27] YANG F, LI Y N, LI R, et al. Fine-tuning macrocycle cavity to selectively bind guests in water for near-infrared photothermal conversion[J]. Org. Chem. Front., 2022, 9(11): 2902-2909.

[28] ALDER B J, WAINWRIGHT T E.Phase transition for a hard sphere system[J]. J. Chem. Phys.,1957,27(5):1208-1209.

[29] KAVASSALIS T A, SUNDARARAJAN P R.A molecular-dynamics study of polyethylene crystallization [J]. Macromolecules, 1993,26(16):4144-4150.

[30] LIAO Q, JIN X G.Formation of segmental clusters during relaxation of a fully extended polyethylene chain at 300 K: a molecular dynamics simulation[J]. J. Chem. Phys.,1999,110(17):8835-8841.

[31] GUO H X, YANG X Z, LI T.Molecular dynamics study of the behavior of a single long chain polyethylene on a solid surface[J]. Phys. Rev. E,2000,61(4):4185-4193.

[32] SHIMIZU T, YAMAMOTO T.Melting and crystallization in thin film of n-alkanes: a molecular dynamics simulation[J]. J. Chem. Phys.,2000,113(8):3351-3359.

[33] WELCH P, MUTHUKUMAR M.Molecular mechanisms of polymer crystallization from solution[J]. Phys. Rev. Lett.,2001,87(21): 218302.

[34] FUJIWARA S, SATO T.Structure formation of a single polymer chain. I. growth of trans domains[J]. J. Chem. Phys.,2001,114 (14):6455-6463.

[35] ABU-SHARKH B, HUSSEIN I A.MD simulation of the influence of branch content on collapse and conformation of LLDPE chains crystallizing from highly dilute solutions [J]. Polymer, 2002, 43 (23):6333-6340.

[36] ZHANG X B, LI Z S, LU Z Y, et al.The reorganization of the lamellar structure of a single polyethylene chain during heating: molecular dynamics simulation[J]. J. Chem. Phys.,2001,115(21): 10001-10006.

[37] ZHANG X B, LI Z S, LU Z Y, et al.Roles of branch content and branch length in copolyethylene crystallization: molecular dynamics simulations[J]. Macromolecules, 2002, 35(1): 106-111.

[38] CHOI P, BLOM H P, KAVASSALIS T A, et al.Immiscibility of poly(ethylene) and poly(propylene): a molecular dynamics study [J]. Macromolecules, 1995, 28(24): 8247-8250.

[39] LEE S, LEE J G, LEE H, et al.Molecular dynamics simulations of the enthalpy of mixing of poly(vinyl chloride) and aliphatic polyester blends[J]. Polymer, 1999, 40(18): 5137-5145.

[40] DOXASTAKIS M, KITSIOU M, FYTAS G, et al.Component segmental mobilities in an athermal polymer blend: quasielastic incoherent neutron scattering versus simulation [J]. J. Chem. Phys., 2000, 112(19): 8687-8694.

[41] GEE R H, FRIED L E, COOK R C.Structure of chlorotrifluoroethylene/vinylidene fluoride random copolymers and homopolymers by molecular dynamics simulations[J]. Macromolecules, 2001, 34 (9): 3050-3059.

[42] SPYRIOUNI T, VERGELATI C.A molecular modeling study of binary blend compatibility of polyamide 6 and poly(vinyl acetate) with different degrees of hydrolysis: an atomistic and mesoscopic approach[J]. Macromolecules, 2001, 34(15): 5306-5316.

[43] HEINE D, WU D T, CURRO J G, et al.Role of intramolecular energy on polyolefin miscibility: isotactic polypropylene/polyethylene blends[J]. J. Chem. Phys., 2003, 118(2): 914-924.

[44] GESTOSO P, BRISSON J.Towards the simulation of poly(vinyl phenol)/poly(vinyl methyl ether) blends by atomistic molecular modelling[J]. Polymer, 2003, 44(8): 2321-2329.

[45] CAVALLO A, MÜLLER M, BINDER K.Unmixing of polymer blends confined in ultrathin films: crossover between two-dimen-

sional and three-dimensional behavior [J]. J. Phys. Chem. B, 2005,109(14):6544-6552.

[46] MILCHEV A, BINDER K.Static and dynamic properties of adsorbed chains at surfaces: Monte Carlo simulation of a bead-spring model[J]. Macromolecules,1996,29(1):343-354.

[47] WANG Y,MATTICE W L.Adsorption of homopolymers on a solid surface: a comparison between Monte Carlo simulation and the Scheutjens-Fleer mean-field lattice theory[J]. Langmuir,1994,10 (7):2281-2288.

[48] SUKHISHVILI S A,CHEN Y,MÜLLER J D,et al. Diffusion of a polymer 'pancake'[J]. Nature,2000,406(6792):146.

[49] WANG X L,LU Z Y,LI Z S,et al.Molecular dynamics simulation study on adsorption and diffusion processes of a hydrophilic chain on a hydrophobic surface[J]. J. Phys. Chem. B,2005,109 (37):17644-17648.

[50] WANG X L,LU Z Y,LI Z S,et al.Molecular dynamics simulation study on controlling the adsorption behavior of polyethylene by fine tuning the surface nanodecoration of graphite[J]. Langmuir, 2007,23(2):802-808.

[51] SUN W,WANG F,ZHANG B,et al.A rechargeable zinc-air battery based on zinc peroxide chemistry [J]. Science, 2021, 371 (6524):46-51.

[52] HANG G Y,YU W L ,WANG T ,et al.Theoretical investigation of the structures and properties of CL-20/DNB cocrystal and associated PBXs by molecular dynamics simulation[J]. J. Mol. Model.,2018,24(4):97.

[53] QIAN H J,LU Z Y,CHEN L J,et al.Computer simulation of cyclic block copolymer microphase separation[J]. Macromolecules, 2005,38(4):1395-1401.

[54] GROOT R D,MADDEN T J.Dynamic simulation of diblock copolymer microphase separation[J]. J. Chem. Phys.,1998,108(20):8713-8724.

[55] REKVIG L,HAFSKJOLD B,SMIT B.Chain length dependencies of the bending modulus of surfactant monolayers[J]. Phys. Rev. Lett.,2004,92(11):116101.

[56] WANG X L,QIAN H J,CHEN L J,et al.Dissipative particle dynamics simulation on the polymer membrane formation by immersion precipitation[J]. J. Membr. Sci.,2008,311(1/2):251-258.

[57] YAMAMOTO S,HYODO S A.Budding and fission dynamics of two-component vesicles[J]. J. Chem. Phys.,2003,118(17):7937-7943.

[58] LARADJI M,KUMAR P B S.Dynamics of domain growth in self-assembled fluid vesicles[J]. Phys. Rev. Lett.,2004,93(19):198105.

[59] DOYAMA M,KIHARA J,TANAKA M,et al.Computer aided innovation of new materials[M]. New York:North Holland,1993.

[60] CHU S,MAJUMDAR A.Opportunities and challenges for a sustainable energy future[J]. Nature,2012,488(7411):294-303.

[61] LAURENT A,ESPINOSA N.Environmental impacts of electricity generation at global,regional and national scales in 1980-2011: what can we learn for future energy planning?[J]. Energy Environ. Sci.,2015,8(3):689-701.

[62] O'REGAN B,GRÄTZEL M.A low-cost,high-efficiency solar cell based on dye-sensitized colloidal TiO_2 films[J]. Nature,1991,353(6346):737-740.

[63] HAMANN T W,JENSEN R A,MARTINSON A B F,et al.Advancing beyond current generation dye-sensitized solar cells[J]. Energy Environ. Sci.,2008,1(1):66-78.

［64］ YELLA A,LEE H W,TSAO H N,et al.Porphyrin-sensitized solar cells with cobalt（Ⅱ/Ⅲ）-based redox electrolyte exceed 12 percent efficiency［J］. Science,2011,334(6056):629-634.

［65］ WU H P,OU Z W,PAN T Y,et al.Molecular engineering of cocktail co-sensitization for efficient panchromatic porphyrin-sensitized solar cells［J］. Energy Environ. Sci.,2012,5(12):9843-9848.

［66］ KAKIAGE K,AOYAMA Y,YANO T,et al.Highly-efficient dye-sensitized solar cells with collaborative sensitization by Silyl-anchor and carboxy-anchor dyes［J］. Chem. Commun., 2015, 51 (88):15894-15897.

［67］ KUSAMA H,ORITA H,SUGIHARA H.TiO₂ band shift by nitrogen-containing heterocycles in dye-sensitized solar cells: a periodic density functional theory study［J］. Langmuir, 2008, 24 (8): 4411-4419.

［68］ ASADUZZAMAN A M,SCHRECKENBACH G.Computational studies on the interactions among redox couples,additives and TiO₂: implications for dye-sensitized solar cells［J］. Phys. Chem. Chem. Phys.,2010,12(43):14609-14618.

［69］ WANG X L,ZHAO J M,CHEN N,et al.The sensitization effect and microscopic essence of different additives on the electronic structure of nanocrystalline TiO₂ in dye-sensitized solar cell［J］. Sol. Energy,2019,189:372-384.

［70］ PASTORE M,MOSCONI E,de ANGELIS F.Computational investigation of dye-iodine interactions in organic dye-sensitized solar cells［J］. J. Phys. Chem. C,2012,116(9):5965-5973.

［71］ GALAPPATHTHI K,EKANAYAKE P,PETRA M I.A rational design of high efficient and low-cost dye sensitizer with exceptional absorptions:computational study of cyanidin based organic sensitizer［J］. Sol. Energy,2018,161:83-89.

[72] DIETRICH S.New physical phases induced by confinement[J]. J. Phys.-Condens. Mat.,1998,10(49):11469-11471.

[73] BECKER T,MUGELE F.Nanofluidics:viscous dissipation in layered liquid films[J]. Phys. Rev. Lett.,2003,91(16):166104.

[74] RASCÓN C,PARRY A O.Geometry-dominated fluid adsorption on sculpted solid substrates[J]. Nature,2000,407(6807):986-989.

[75] REJMER K,DIETRICH S,NAPIORKOWSKI M. Filling transition for a wedge[J]. Phys. Rev. E,1999,60(4):4027-4042.

[76] MILCHEV A,MÜLLER M,BINDER K,et al. Wedge filling and interface delocalization in finite Ising lattices with antisymmetric surface fields[J]. Phys. Rev. E,2003,68(3):031601.

[77] LENZ P,LIPOWSKY R.Morphological transitions of wetting layers on structured surfaces[J]. Phys. Rev. Lett.,1998,80(9):1920-1923.

[78] QUÉRÉ D.Rough ideas on wetting[J]. Physica A,2002,313(1/2):32-46.

[79] GELB L D.The ins and outs of capillary condensation in cylindrical pores[J]. Mol. Phys.,2002,100(13):2049-2057.

[80] CAO H,YU Z N,WANG J,et al.Fabrication of 10 nm enclosed nanofluidic channels[J]. Appl. Phys. Lett.,2002,81(1):174-176.

[81] GUO L J.Recent progress in nanoimprint technology and its applications[J]. J. Phys. D,2004,37(11):R123-R141.

[82] MCHALE G,SHIRTCLIFFE N J,AQIL S,et al.Topography driven spreading[J]. Phys. Rev. Lett.,2004,93(3):036102.

[83] LIPOWSKY R.Morphological wetting transitions at chemically structured surfaces[J]. Curr. Opin. Colloid Interface Sci.,2001,6(1):40-48.

[84] JIANG L,ZHAO Y,ZHAI J.A lotus-leaf-like superhydrophobic

surface: a porous microsphere/nanofiber composite film prepared by electrohydrodynamics [J]. Angew. Chem. Int. Ed., 2004, 43 (33):4438-4441.

[85] SONG X Y, ZHAI J, WANG Y L, et al. Fabrication of superhydrophobic surfaces by self-assembly and their water-adhesion properties[J]. J. Phys. Chem. B, 2005, 109(9):4048-4052.

[86] SUN T L, WANG G J, LIU H, et al. Control over the wettability of an aligned carbon nanotube film[J]. J. Am. Chem. Soc., 2003, 125 (49):14996-14997.

[87] FENG L, LI S H, LI Y S, et al. Super-hydrophobic surfaces: from natural to artificial[J]. Adv. Mater., 2002, 14(24):1857-1860.

[88] YÜCE M Y, DEMIREL A L, MENZEL F. Tuning the surface hydrophobicity of polymer/nanoparticle composite films in the Wenzel regime by composition [J]. Langmuir, 2005, 21 (11): 5073-5078.

[89] ISRAELACHVILI J N. Intermolecular and surface forces[M]. San Diego: Academic Press, 1991.

[90] MARMUR A. The lotus effect: superhydrophobicity and metastability[J]. Langmuir, 2004, 20(9):3517-3519.

[91] WENZEL R N. Resistance of solid surfaces to wetting by water [J]. Ind. Eng. Chem., 1936, 28(8):988-994.

[92] KRUPENKIN T N, TAYLOR J A, SCHNEIDER T M, et al. From rolling ball to complete wetting: the dynamic tuning of liquids on nanostructured surfaces[J]. Langmuir, 2004, 20(10):3824-3827.

[93] OTTEN A, HERMINGHAUS S. How plants keep dry: a physicist's point of view[J]. Langmuir, 2004, 20(6):2405-2408.

[94] XIA Y, WHITESIDES G M. Soft lithography[J]. Annu. Rev. Mater. Res., 1998, 28(1):153-184.

[95] VOLKMUTH W D, AUSTIN R H. DNA electrophoresis in micro-

lithographic arrays[J]. Nature,1992,358(6387):600-602.

[96] TRACZ A,STABEL A,RABE J P.Influence of controlled nanoscale roughness on physisorbed two-dimensional crystals at graphite—liquid interfaces[J]. Langmuir,2002,18(24):9319-9326.

[97] de GENNES P G.Scaling concepts in polymer physics[M]. New York:Cornell University Press,1979.

[98] DOI M,EDWARDS S F.The theory of polymer dynamics[M]. Oxford:Clarendon Press,1986.

[99] YETHIRAJ A.Polymer melts at solid surfaces[J]. Adv. Chem. Phys.,2002,121:89-139.

[100] SHEIKO S S, MÖLLER M.Visualization of macromolecules—a first step to manipulation and controlled response[J]. Chem. Rev.,2001,101(12):4099-4124.

[101] GRANICK S.Perspective:kinetic and mechanical properties of adsorbed polymer layers[J]. Eur. Phys. J. E,2002,9(S51):421-424.

[102] MAIER B,RÄDLER J O.Conformation and self-diffusion of single DNA molecules confined to two dimensions[J]. Phys. Rev. Lett.,1999,82(9):1911-1914.

[103] MAIER B,RÄDLER J O.DNA on fluid membranes:a model polymer in two dimensions[J]. Macromolecules,2000,33(19):7185-7194.

[104] GRANICK S,KUMAR S K,AMIS E J,et al.Macromolecules at surfaces:research challenges and opportunities from tribology to biology[J]. J. Polym. Sci. Part B(Polym. Phys.),2003,41(22):2755-2793.

[105] AZUMA R,TAKAYAMA H.Diffusion of single long polymers in fixed and low density matrix of obstacles confined to two dimensions[J]. J. Chem. Phys.,1999,111(18):8666-8671.

［106］ FALCK E, PUNKKINEN O, VATTULAINEN I, et al.Dynamics and scaling of two-dimensional polymers in a dilute solution［J］. Phys. Rev. E,2003,68(5):050102.

［107］ ZHAO J,GRANICK S.Polymer lateral diffusion at the solid—liquid interface［J］. J. Am. Chem. Soc.,2004,126(20):6242-6243.

［108］ 杨小震.分子模拟与高分子材料［M］. 北京:科学出版社,2002.

［109］ ROE R J.Computer simulation of polymers［M］. New Jersey: Prentice Hall,1991.

［110］ MULDER M.Basic principles of membrane technology［M］. Dordrecht:Kluwer Academic Publishers,1996.

［111］ PUSCH W,WALCH A.Synthetic membranes—preparation,structure,and application［J］. Angew. Chem. Int. Ed. Engl.,1982,21 (9):660-685.

［112］ KESTING R E.Synthetic polymeric membranes［M］. New York: McGraw-Hill,1971.

［113］ YAN X B,XU T,CHEN G,et al.Preparation and characterization of electrochemically deposited carbon nitride films on silicon substrate［J］. J. Phys. D(Appl. Phys.),2004,37(6):907-913.

［114］ NAKAHIGASHI T,TANAKA Y,MIYAKE K,et al.Properties of flexible DLC film deposited by amplitude-modulated RF P-CVD ［J］. Tribol. Int.,2004,37(11/12):907-912.

［115］ SONG G,ZENG M.A thin-film magnetorheological fluid damper/lock［J］. Smart Mater. Struct.,2005,14(2):369-375.

［116］ LEVINE I N.Quantum chemistry［M］. 7th ed.Boston:Pearson Education,Inc.,2014.

［117］ 唐敖庆,杨忠志,李前树.量子化学［M］. 北京:科学出版社, 1982.

［118］ HOHENBERG P,KOHN W.Inhomogeneous electron gas ［J］.

Phys. Rev.,1964,136(3B):B864-B871.

[119] KOHN W,SHAM L J.Self-consistent equations including exchange and correlation effects[J]. Phys. Rev., 1965, 140(4A): A1133-A1138.

[120] VOSKO S H,WILK L,NUSAIR M.Accurate spin-dependent electron liquid correlation energies for local spin density calculations:a critical analysis[J]. Can. J. Phys., 1980, 58(8): 1200-1211.

[121] BECKE A D.Density-functional exchange-energy approximation with correct asymptotic behavior[J]. Phys. Rev. A, 1988,38(6): 3098-3100.

[122] LEE C,YANG W,PARR R G.Development of the Colle-Salvetti correlation-energy formula into a functional of the electron density[J]. Phys. Rev. B,1988,37(2):785-789.

[123] PERDEW J P,BURKE K,ERNZERHOF M.Generalized gradient approximation made simple[J]. Phys. Rev. Lett., 1996, 77 (18):3865-3868.

[124] YOUNG D C.Computational chemistry:a practical guide for applying techniques to real world problems[M]. New York:Wiley-Interscience,2001.

[125] BORN M,OPPENHEIMER R.Zur quantentheorie der molekeln [J]. Ann Phys(Berlin).,1927,84(20):457-484.

[126] MAYO S L,OLAFSON B D,GODDARD Ⅲ W A.DREIDING:a generic force field for molecular simulations[J]. J. Phys. Chem., 1990,94(26):8897-8909.

[127] RAPPÉ A K,CASEWIT C J,COLWELL K S,et al.UFF,a full periodic table force field for molecular mechanics and molecular dynamics simulations[J]. J. Am. Chem. Soc., 1992, 114(25): 10024-10035.

[128] SUN H, MUMBY S J, MAPLE J R, et al.An ab initio CFF93 all-atom force field for polycarbonates[J]. J. Am. Chem. Soc., 1994, 116(7):2978-2987.

[129] SUN H, MUMBY S J, MAPLE J R, et al.Ab initio calculations on small molecule analogues of polycarbonates [J]. J. Phys. Chem., 1995, 99(16):5873-5882.

[130] SUN H.Ab initio calculations and force field development for computer simulation of polysilanes[J]. Macromolecules, 1995, 28 (3):701-712.

[131] SUN H.Force field for computation of conformational energies, structures, and vibrational frequencies of aromatic polyesters[J]. J. Comput. Chem., 1994, 15(7):752-768.

[132] SUN H, RIGBY D.Polysiloxanes:ab initio force field and structural, conformational and thermophysical properties[J]. Spectrochim. Acta(Part A), 1997, 53(8):1301-1323.

[133] RIGBY D, SUN H, EICHINGER B E.Computer simulations of poly(ethyleneoxide):force field, PVT diagram and cyclization behaviour[J]. Polym. Int., 1997, 44(3):311-330.

[134] SUN H, REN P, FRIED J R.The COMPASS force field:parameterization and validation for phosphazenes [J]. Comput. Theor. Polym. Sci., 1998, 8(1):229-246.

[135] SUN H.COMPASS:an ab initio force-field optimized for condensed-phase applications-overview with details on alkane and benzene compounds[J]. J. Phys. Chem. B, 1998, 102(38):7338-7364.

[136] VERLET L.Computer "experiments" on classical fluids:I. thermodynamical properties of lennard-jones molecules[J]. Phys. Rev., 1967, 159(1):98-103.

[137] GEAR C W.Numerical initial value problems in ordinary differ-

ential equations[M]. Englewood Cliffs:Prentice-Hall,1971.

[138]   HOCKNEY R W.Potential calculation and some applications [R]. Hampton:Langley Research Center,1970.

[139]   POTTER D.Computational physics [M]. New York:J. Wiley, 1973.

[140]   SWOPE W C,ANDERSEN H C,BERENS P H,et al.A computer simulation method for the calculation of equilibrium constants for the formation of physical clusters of molecules:application to small water clusters[J]. J. Chem. Phys.,1982,76(1):637-649.

[141]   刘光恒,戴树珊.化学应用统计力学[M]. 北京:科学出版社, 2001.

[142]   李如生.平衡和非平衡统计力学[M]. 北京:清华大学出版社, 1995.

[143]   MARSH C A,YEOMANS J M.Dissipative particle dynamics:the equilibrium for finite time steps[J]. Europhys. Lett.,1997,37 (8):511-516.

[144]   TUCKERMAN M E,MARTYNA G J.Understanding modern molecular dynamics: techniques and applications [J]. J. Phys. Chem. B,2000,104(2):159-178.

[145]   NOVIK K E,COVENEY P V.Finite-difference methods for simulation models incorporating nonconservative forces[J]. J. Chem. Phys.,1998,109(18):7667-7677.

[146]   PAGONABARRAGA I,HAGEN M H J,FRENKEL D.Self-consistent dissipative particle dynamics algorithm [J]. Europhys. Lett.,1998,42(4):377-382.

[147]   GIBSON J B,CHEN K,CHYNOWETH S.The equilibrium of a Velocity-Verlet type algorithm for DPD with finite time steps[J]. Int. J. Mod. Phys. C,1999,10(1):241-261.

[148]   VATTULAINEN I,KARTTUNEN M,BESOLD G, et al.Integra-

tion schemes for dissipative particle dynamics simulations: from softly interacting systems towards hybrid models [J]. J. Chem. Phys.,2002,116(10):3967-3979.

[149] NIKUNEN P, KARTTUNEN M, VATTULAINEN I.How would you integrate the equations of motion in dissipative particle dynamics simulations?[J]. Comput. Phys. Commun.,2003,153(3): 407-423.

[150] MARTYS N S, MOUNTAIN R D.Velocity Verlet algorithm for dissipative-particle-dynamics-based models of suspensions[J]. Phys. Rev. E,1999,59(3):3733-3736.

[151] GROOT R D,RABONE K L.Mesoscopic simulation of cell membrane damage, morphology change and rupture by nonionic surfactants[J]. Biophys. J.,2001,81(2):725-736.

[152] LYUBARTSEV A P, KARTTUNEN M, VATTULAINEN I, et al. On coarse-graining by the inverse Monte Carlo method: dissipative particle dynamics simulations made to a precise tool in soft matter modeling[J]. Soft Mater.,2003,1(1):121-137.

[153] GUERRAULT X, ROUSSEAU B, FARAGO J.Dissipative particle dynamics simulations of polymer melts. I. Building potential of mean force for polyethylene and cis- polybutadiene [J]. J. Chem. Phys.,2004,121(13):6538-6546.

[154] DELLEY B.An all-electron numerical method for solving the local density functional for polyatomic molecules [J]. J. Chem. Phys.,1990,92(1):508-517.

[155] DELLEY B.Fast calculation of electrostatics in crystals and large molecules[J]. J. Phys. Chem.,1996,100(15):6107-6110.

[156] DELLEY B.From molecules to solids with the DMol^3 approach [J]. J. Chem. Phys.,2000,113(18):7756-7764.

[157] BENEDEK N A,SNOOK I K,LATHAM K, et al.Application of

numerical basis sets to hydrogen bonded systems: a density functional theory study[J]. J. Chem. Phys. ,2005,122(14):144102.

[158] DELLEY B.The conductor-like screening model for polymers and surfaces[J]. Mol. Simul. ,2006,32(2):117-123.

[159] ZARZYCKI P.Computational study of proton binding at the rutile/electrolyte solution interface[J]. J. Phys. Chem. C,2007,111 (21):7692-7703.

[160] SINGH A,KESHARWANI M K,GANGULY B.Influence of formamide on the crystal habit of LiF, NaCl, and KI: a DFT and aqueous solvent model study [J]. Cryst. Growth Des. , 2008, 9 (1):77-81.

[161] VITTADINI A,SELLONI A,ROTZINGER F, et al.Formic acid adsorption on dry and hydrated TiO_2 anatase (101) surfaces by DFT calculations [J]. J. Phys. Chem. B, 2000, 104 (6) : 1300- 1306.

[162] LING Y C,COOPER J K,YANG Y, et al.Chemically modified titanium oxide nanostructures for dye-sensitized solar cells[J]. Nano Energy,2013,2(6):1373-1382.

[163] PAL S, ROCCATANO D, WEISS H, et al.Molecular dynamics simulation of water near nanostructured hydrophobic surfaces: interfacial energies[J]. ChemPhysChem,2005,6(8):1641-1649.

[164] PAL S, WEISS H, KELLER H, et al.Effect of nanostructure on the properties of water at the water-hydrophobic interface: a molecular dynamics simulation[J]. Langmuir, 2005, 21 (8) : 3699- 3709.

[165] BRAULT P,MOEBS G.Molecular dynamics simulations of palladium cluster growth on flat and rough graphite surfaces[J]. Eur. Phys. J.(Appl. Phys.),2004,28(1):43-50.

[166] HOOVER W G.Canonical dynamics: equilibrium phase-space dis-

tributions[J]. Phys. Rev. A,1985,31(3):1695-1697.

[167] WILLETT R L, BALDWIN K W, WEST K W, et al.Differential adhesion of amino acids to inorganic surfaces[J]. P. Natl. Acad. Sci. USA,2005,102(22):7817-7822.

[168] MCKIE D, MCKIE C.Essentials of crystallography[M]. Oxford: Blackwell Scientific Publications,1986.

[169] BERENDSEN H J C, POSTMA J P M, VAN GUNSTEREN W F, et al.Molecular dynamics with coupling to an external bath[J]. J. Chem. Phys.,1984,81(8):3684-3690.

[170] YEH I C, HUMMER G.System-size dependence of diffusion coefficients and viscosities from molecular dynamics simulations with periodic boundary conditions[J]. J. Phys. Chem. B,2004, 108(40):15873-15879.

[171] JENSEN M Ø, MOURITSEN O G, PETERS G H.The hydrophobic effect: molecular dynamics simulations of water confined between extended hydrophobic and hydrophilic surfaces [J]. J. Chem. Phys.,2004,120(20):9729-9744.

[172] LEE C Y, MCCAMMON J A, ROSSKY P J.The structure of liquid water at an extended hydrophobic surface [J]. J. Chem. Phys.,1984,80(9):4448-4455.

[173] RAFFAINI G, GANAZZOLI F.Molecular dynamics simulation of the adsorption of a fibronectin module on a graphite surface[J]. Langmuir,2004,20(8):3371-3378.

[174] PAL S, WEISS H, KELLER H, et al.The hydrophobicity of nano-structured alkane and perfluoro alkane surfaces: a comparison by molecular dynamics simulation[J]. Phys. Chem. Chem. Phys., 2005,7(17):3191-3196.

[175] ZIMM B H.Dynamics of polymer molecules in dilute solution: viscoelasticity, flow birefringence and dielectric loss [J]. J.

Chem. Phys.,1956,24(2):269-278.

[176] ROUSE P E.A theory of the linear viscoelastic properties of dilute solutions of coiling polymers[J]. J. Chem. Phys., 1953, 21 (7):1272-1280.

[177] SHANNON S R, CHOY T C.Dynamical scaling anomaly for a two dimensional polymer chain in solution[J]. Phys. Rev. Lett., 1997,79(8):1455-1458.

[178] ALA-NISSILA T, HERMINGHAUS S, HJELT T, et al.Diffusive spreading of chainlike molecules on surfaces [J]. Phys. Rev. Lett.,1996,76(21):4003-4006.

[179] BUNGAY P M, LONSDALE H K, de PINHO M N.Synthetic membranes: science, engineering and applications [M]. Dordrecht:D. Reidel Publishing Company,1986.

[180] van de WITTE P,DIJKSTRA P J,van den BERG J W A,et al. Phase separation processes in polymer solutions in relation to membrane formation[J]. J. Membr. Sci.,1996,117:1-31.

[181] TOMPA H.Polymer solutions[M]. London:Butterworths Scientific Publications,1956.

[182] YILMAZ L,MCHUGH A J.Analysis of nonsolvent-solvent-polymer phase diagrams and their relevance to membrane formation modeling[J]. J. Appl. Polym. Sci.,1986,31(4):997-1018.

[183] KOENHEN D M,MULDER M H V,SMOLDERS C A.Phase separation phenomena during the formation of asymmetric membranes[J]. J. Appl. Polym. Sci.,1977,21(1):199-215.

[184] COHEN C,TANNY G B,PRAGER S.Diffusion-controlled formation of porous structures in ternary polymer systems [J]. J. Polym. Sci.(Polym. Phys. Ed.),1979,17(3):477-489.

[185] REUVERS A J,VAN DEN BERG J W A,SMOLDERS C A.Formation of membranes by means of immersion precipitation:part

I. a model to describe mass transfer during immersion precipitation[J]. J. Membr. Sci.,1987,34(1):45-65.

[186] REUVERS A J,SMOLDERS C A.Formation of membranes by means of immersion precipitation:part II. the mechanism of formation of membranes prepared from the system cellulose acetate-acetone-water[J]. J. Membr. Sci.,1987,34(1):67-86.

[187] TSAY C S,MCHUGH A J.Mass transfer modeling of asymmetric membrane formation by phase inversion[J]. J. Polym. Sci. Part B (Polym. Phys.),1990,28(8):1327-1365.

[188] CHENG L P,LIN D J,SHIH C H,et al.PVDF membrane formation by diffusion-induced phase separation-morphology prediction based on phase behavior and mass transfer modeling[J]. J. Polym. Sci. Part B(Polym. Phys.),1999,37(16):2079-2092.

[189] KARODE S K,KUMAR A.Formation of polymeric membranes by immersion precipitation:an improved algorithm for mass transfer calculations [J]. J. Membr. Sci., 2001, 187(1/2):287-296.

[190] AKTHAKUL A,MCDONALD W F,MAYES A M.Noncircular pores on the surface of asymmetric polymer membranes:evidence of pore formation via spinodal demixing [J]. J. Membr. Sci.,2002,208(1/2):147-155.

[191] KIM Y D,KIM J Y,LEE H K,et al.Formation of polyurethane membranes by immersion precipitation. II. morphology formation [J]. J. Appl. Polym. Sci.,1999,74(9):2124-2132.

[192] BOTTINO A,CAPANNELLI G,MUNARI S.Effect of coagulation medium on properties of sulfonated polyvinylidene fluoride membranes[J]. J. Appl. Polym. Sci.,1985,30(7):3009-3022.

[193] TERMONIA Y. Molecular modeling of phase-inversion membranes:effect of additives in the coagulant[J]. J. Membr. Sci.,

1995,104(1/2):173-179.

[194] SAXENA R,CANEBA G T.Studies of spinodal decomposition in a ternary polymer-solvent-nonsolvent system[J]. Polym. Eng. Sci., 2002,42(5):1019-1031.

[195] AKTHAKUL A , SCOTT C E , MAYES A M , et al. Lattice Boltzmann simulation of asymmetric membrane formation by immersion precipitation[J]. J. Membr. Sci.,2005,249(1/2):213-226.

[196] MAITI A,WESCOTT J,GOLDBECK-WOOD G.Mesoscale modelling: recent developments and applications to nanocomposites, drug delivery and precipitation membranes[J]. Int. J. Nanotech., 2005,2(3):198-241.

[197] JIANG W H,HUANG J H,WANG Y M,et al.Hydrodynamic interaction in polymer solutions simulated with dissipative particle dynamics[J]. J. Chem. Phys.,2007,126(4):044901.

[198] LARADJI M,KUMAR P B S.Domain growth, budding, and fission in phase-separating self-assembled fluid bilayers [J]. J. Chem. Phys.,2005,123(22):224902.

[199] ZHONG C,LIU D.Understanding multicompartment micelles using dissipative particle dynamics simulation[J]. Macromol. Theory Simul.,2007,16(2):141-157.

[200] PIVKIN I V,KARNIADAKIS G E.A new method to impose no-slip boundary conditions in dissipative particle dynamics[J]. J. Comput. Phys.,2005,207(1):114-128.

[201] REVENGA M,ZÚÑIGA I,ESPAÑOL P.Boundary conditions in dissipative particle dynamics[J]. Comp. Phys. Commun., 1999, 121/122:309-311.

[202] PIVKIN I V, KARNIADAKIS G E.Controlling density fluctuations in wall-bounded dissipative particle dynamics systems[J].

Phys. Rev. Lett.,2006,96(20):206001.

[203] OHTA T,JASNOW D,KAWASAKI K.Universal scaling in the motion of random interfaces[J]. Phys. Rev. Lett.,1982,49(17): 1223-1226.

[204] QIU F,PENG G W,GINZBURG V V,et al.Spinodal decomposition of a binary fluid with fixed impurities[J]. J. Chem. Phys., 2001,115(8):3779-3784.

[205] WOOD K C,CHUANG H F,BATTEN R D,et al. Controlling interlayer diffusion to achieve sustained, multiagent delivery from layer-by-layer thin films [J]. Proc. Nat. Am. Soc., 2006, 103 (27):10207-10212.

[206] KUBONO A,YUASA N,SHAO H L,et al.Adsorption characteristics of organic long chain molecules during physical vapor deposition[J]. Appl. Surf. Sci.,2002,193(1-4):195-203.

[207] ULMAN A.An introduction to ultra thin organic films:from Langmuir-Blodgett to self-assembly[M]. New York:Academic Press, 1991.

[208] LAGUTCHEV A S,SONG K J,HUANG J Y,et al.Self-assembly of alkylsiloxane monolayers on fused silica studied by XPS and sum frequency generation spectroscopy[J]. Chem. Phys.,1998, 226(3):337-349.

[209] DECHER G.Fuzzy nanoassemblies: toward layered polymeric multicomposites[J]. Science.,1997,277(5330):1232-1237.

[210] ARIGA K,HILL J P,JI Q M.Layer-by-layer assembly as a versatile bottom-up nanofabrication technique for exploratory research and realistic application[J]. Phys. Chem. Chem. Phys.,2007,9 (19):2319-2340.

[211] ZHANG X,SHI F,YU X,et al.Polyelectrolyte multilayer as matrix for electrochemical deposition of gold clusters:toward super-

hydrophobic surface [J]. J. Am. Chem. Soc., 2004, 126 (10) : 3064-3065.

[212] OLABISI O, ROBESON L M, SHAW M T.Polymer-polymer miscibility[M]. New York: Academic Press, 1979.

[213] NUNES S P, INOUE T.Evidence for spinodal decomposition and nucleation and growth mechanisms during membrane formation [J]. J. Membr. Sci., 1996, 111(1): 93-103.

[214] RUBINSTEIN M, COLBY R H.Polymer physics[M]. Oxford: Oxford University Press, 2003.

[215] YAN Y F, ZHOU X C, JI J, et al.Adsorption of polymeric micelles and vesicles on a surface investigated by quartz crystal microbalance[J]. J. Phys. Chem. B., 2006, 110(42): 21055-21059.

[216] LU Z Y, HENTSCHKE R.Swelling of model polymer networks with different cross-link densities: a computer simulation study [J]. Phys. Rev. E., 2002, 66(4): 041803.